半屏山腳的歲月

記憶高雄煉油廠

陸寶原——著

【總序】開啟高雄文史工作的另一新頁

文化是人類求生存過程中所創造發明的一切積累，歷史則是這段過程記載。每個地方所處的環境及其面對的問題皆不相同，也必然會形成各自不同的文化與歷史，因此文史工作強調地方性，這是它與國史、世界史的差異所在。

高雄市早期在文獻會的主導下，有部分學者與民間專家投入地方文史的調查研究，也累積不少成果。惟較可惜的是，這項文史工作並非有計畫的推動，以致缺乏連貫性與全面性；調查研究成果也未有系統地集結出版，以致難以保存、推廣與再深化。

2010 年高雄縣市合併後，各個行政區的地理、族群、產業、信仰、風俗等差異更大，全面性的文史工作有必要盡速展開，也因此高雄市政府文化局與高雄市立歷史博物館策劃「高雄文史采風」叢書，希望結合更多的學者專家與文史工作者，有計畫地依主題與地區進行調查研究與書寫出版，以使高雄的文史工作更具成效。

「高雄文史采風」叢書不是地方志書的撰寫，也不等同於地方史的研究，它具有以下幾個特徵：

其一、文史采風不在書寫上層政治的「大歷史」，而在關注下層社會的「小歷史」，無論是一個小村落、小地景、小行業、小人物的故事，或是常民生活的風俗習慣、信仰儀式、休閒娛樂等小傳統文化，只要具有傳統性、地方性與文化性，能夠感動人心，都是書寫的範圍。

其二、文史采風不是少數學者的工作，只要對地方文史充滿熱情與使命感，願意用心學習與實際調查，都可以投身其中。尤其文史工作具有地方性，在地人士最瞭解其風土民情與逸聞掌故，也最適合從事當地的文史采風，這是外來學者所難以取代的。

其三、文史采風不等同於學術研究，書寫方式也與一般論文不同，它不需要引經據典，追求「字字有來歷」；而是著重到田野現場進行實際的觀察、採訪與體驗，再將所見所聞詳實而完整的記錄下來。

如今，這套叢書再添陸寶原《半屏山腳的歲月——記憶高雄煉油廠》專書出版，為高雄的文史工作開啟另一新頁。期待後續有更多有志者加入我們的行列，讓這項文史工作能穩健而長遠的走下去。

「高雄文史采風」叢書總編輯 謝貴文

【推薦序】並肩走踏尋高廠．閒扯闊論話文資

與作者同為油廠人，結識於東方工專美工科夜間部，同學慣以「陸爺」稱之，其以水彩摹寫鄉間景緻與日常器物，是為一絕。

作者由畫轉文源於 1990 年代，時由文建會副主委陳其南提出「社區總體營造計畫」，開啟以「文化藝術」凝聚地方認同、培植在地發展一系列政策。「橋仔頭」即為當時社區總體營造典範、南臺灣代表。「橋頭糖廠」也在此時重回常民眼界，由此發展而出的「水流庄」，則為另種傳奇。

當時之橋頭鄉五里林（含東林村、西林村），由東林村村幹事蔡濟隆帶動，成立「東林講堂」，推展社區營造，培植在地人才。出生、成長於「水流庄——五里林」的陸爺，受東林講堂啟蒙，繼而參與「橋仔頭文史工作室」及「水流庄人文協會」，實踐、精進。

與作者共同任職的高雄煉油廠，啟於 1942 年日本第六海軍燃料廠，2015 年 11 月，熄燈，走入歷史。後高廠時期，雖有同仁自主進行文物察查，文化部、高雄市政府文化局等亦委託學者專家調查研究，民間團體亦多所關注。但對於關廠，言談間，陸爺不時隱露文史工作者的憂心與焦慮（這應是本書各篇成文主要緣由）。

在個人油人生涯最後階段，因業務關係，有機會在廠場設備、塔槽管線與辦公處所間，穿梭來去。對工場從陌生而熟悉，也經歷關廠、拆場與整治。期間公司成立「文化資產管理組」，綜理高廠文資業務，陸爺適才適所成為先鋒部隊。自此，在工作上亦因文化資產而與作者有了更進一步的連結。

緊接在停工之後的拆場，許多生產設備、工具物件、書籍簿冊等，在過程中

不斷被揭露、重現。在已斷電的幽暗空間裡睜大眼睛搜尋文物，在艷陽下揮汗踏查廠區各個角落。若有新發現則雀躍不已，拍照、記錄、建檔，累積許多可貴素材。在揚起的陣陣拆場煙塵中，陸爺總能精準抓住亮點，幾番蘊釀發酵、旁徵博引，就是一篇佳文。舉凡建築風貌、空間紋理、人物典範，讀來莫不令人低盪迴旋感動不已。

幾十年來從《一條河流的故事》（橋仔頭文史協會出版）、〈屏山紀事〉系列文章（中油公司《石油通訊》刊登），再到《半屏山腳的歲月——記憶高雄煉油廠》，吾人總能自作品中一睹作者日益洗鍊的文字，共享其難得的文史經驗。也懷念那段與作者從東方工專、東林講堂、水流庄、橋仔頭到「並肩走踏尋高廠・閒扯閑論話文資」的日子。

欣聞《半屏山腳的歲月——記憶高雄煉油廠》一書，將由高雄市立歷史博物館出版，除賀喜陸爺外，也感謝審查委員遠見，讓此一小小香火得以留存，見證半屏山下曾有的繁榮昌盛，共享高雄歷史的榮光。期待本書之後佳餚美饌可以接續上桌，可慰油人，以饗市民。

《半屏山腳的歲月——記憶高雄煉油廠》，描繪高廠點滴，也道出六燃歷史。白首油人話當年，值得細細品味。同為油人，也想借篇幅一角，輕輕地說聲：再會吧！高廠。

以上短短數語，是為之序。

【推薦序】榮光與餘緒 —— 留予他年說夢痕

我們總是期待一本好書的出現，內容言之有物，兼具成熟專業的編輯技法，《半屏山腳的歲月——記憶高雄煉油廠》正是這樣一本好書。

作者以「人物、建物、事物」串起高廠近一世紀的歷史人文軌跡，縱橫交織專屬高廠的時代光譜，述說著一個個臺灣煉化發跡地的故事。具畫面感的筆觸，讓人彷彿搭乘哆啦 A 夢時光機，回到久遠年代，一窺當年繁盛景象，旋又為其遞嬗、演變、消長而惆悵，惟留下的產業文化資產，任憑歲月滄桑仍散發熠熠光芒。

寶原兄出身現場，從基層做起，曾任高廠技術員及大林廠、煉製事業部、總公司管理師，油人生涯四十餘年。長期關注在地的他，早在民國 80 年代，即以田野調查精神，於公餘之暇，探索半屏山、後勁溪的生態與人文。爬梳高廠悠遠的文史脈絡，著成文字發表，溫潤質樸的風格，令人印象深刻。

民國 90 年代，時值個人主編《石油通訊》期間，寶原兄整合多年田調所得，深入高廠不同階段的人、事、物變遷，各篇章以精彩圖文呈現，為這本企業刊物增添歷史風采，深受讀者喜愛。至今猶記當時為高廠專題導讀時，內心的悸動。身為編輯，在達成發掘與推薦好文的任務時，成就感油然而生。

高廠，自殘破中重生，發展成東南亞最大一貫化煉油廠，不僅是中油起家厝，也是臺灣石化業原鄉，經濟奇蹟的推手。這個場域，有著世代油人為厚植國家基礎而努力的足跡與身影。成功帶動產業發展，創造就業機會，孕育優秀煉化人才，為國計民生作出重大貢獻。位於半屏山腳的高廠，承載了能源產業興衰，也深厚了人文底蘊。寶原兄以惜情念舊的心，書寫曾經的榮光與餘緒，全體油人與在地鄉親的記憶，盡皆融入書中，彌足珍貴。

書中人物橫跨六燃及戰後，歷任廠長中，賓果因研發汽油不幸殉職，特別令人感懷。廠內建築、地景處處，總辦公廳美麗的迴廊依舊。六燃時期的兩棟紅磚屋，勾起多少人的美好回憶。中山堂，為大師王大閎少數存於工廠的作品。印刷工場，承印了戰後臺灣第一份純翻譯綜合雜誌《拾穗》。防空洞的故事傳誦一時。廠區特殊設施，各司其職，各式裝置見證煉油事業的成長，昔時油罐火車遺留下來的舊鐵道，成了許多鐵道迷懷舊造訪之地，也是新人婚攝取景地點。

時代巨輪往前推進，民國 104 年底高廠履行承諾，功成身退，華麗轉身。從能源重鎮走向材料研發中心的中油公司，也再次被國家賦予重任，走向科技綠廊，未來可望成為臺灣新矽谷、國際新亮點。

欣聞寶原兄榮獲高雄市立歷史博物館「寫高雄——屬於你我的高雄歷史」專書出版獎助，將多年的高廠系列文章集結成書，身為友人，深感與有榮焉。相信這是上蒼又一次美好的安排，給予筆耕不輟、勤勉將事者的一份大禮。希望本書的出版，能讓更多人知道屬於高廠的故事，讓後輩感念其貢獻。也衷心盼望未來這片場域，能承續以往榮光，創造環境守護、文資活化、社區共融的三贏，成為永續經營的綠色生態產業園區，繼續引領臺灣向前。

黃萱，民國 53 年生，政大新聞所碩士、臺科大管理研究所 EMBA，曾任《石油通訊》執行編輯，現任中油公司副總經理室督導。

【自序】再會吧！高廠

高雄煉油廠前身為日本第六海軍燃料廠高雄廠，戰後吸納來自海外（如賓果）、中國（如李達海）及臺灣本土（如陳國勇）等化工人才，並引進美、日技術，積極復建。經過七十幾年發展，始終以高品質油品服務社會，對臺灣經濟貢獻，早已有目共睹。關廠後的今天，隨著科技大廠進駐，過去縱有大片江山，再多璀璨，恐怕也得逐步淡出歷史舞臺。而功成身退後的這處重要工業地景，將如何被定位？其歷史又該如何被書寫？回頭看看它精彩的一生，或許會有些許脈絡可尋：

1941 年，當二次大戰進行得如火如荼之際，日本忽然偷襲美國珍珠港，隨即引爆太平洋戰爭，促使美國全力投入歐亞戰場。此時，日本已積極推動「皇民化、工業化、南進基地化」政策。在效忠天皇、發展重工業、派兵南洋等措施下，臺灣成為日本在「大東亞戰爭」中，南進中國及東南亞的基地，可用資源亦幾被利用殆盡。

為因應戰爭所需，日本海軍開始規劃設立新燃料廠。1941 年，以臺灣介於東南亞油田及日本本土間，不論原油輸送或成品供應皆適合建廠，決定在此籌建燃料廠。隔年（1942），本部設於高雄（左營）的「臺灣海軍燃料廠」（臺燃）成立建設委員會。1943 年臺燃預算批准，建（廠）設工作正式展開，並開始徵派現有各燃料廠熟悉業務人員及召募臺灣本地員工。1944 年，臺燃舉行開廳儀式，正式定名「第六海軍燃料廠」（六燃），下設醫務、總務、會計、精製（以上位於高雄）及合成（新竹）、化成（新高，今臺中清水）等部。

當初建廠除徵收後勁農地外，並調集百姓協建。從此，半屏山下的產業有了重大改變，不但管線塔槽成為主要景觀，農地變廠房，居民也由農民、地主變工人。惟如此規模大、設備多的燃料廠，尚未全部建造完成，即遭盟軍猛烈轟炸。

1945 年，日本戰敗投降，國民政府接收六燃高雄廠，改名「高雄煉油廠」（高廠），屬資源委員會「中國石油有限公司」（中油公司）所轄。之後，中油公司積極投入人力、物力，在日人規劃基礎上，修復所遺蒸餾、動力等工場及其他重要設施，並開始提煉中東原油（為臺灣提煉外國原油之始）。經過一段艱辛開創過程，終於成就了日後的高雄煉油廠。

1953 年，政府推動四年經建計畫，此時社會漸趨安定，為滿足社會的油品需求，高廠著手進行煉製設備更新與廠區擴充。在外國石油公司提供的貸款及技術協助下，先後裝建蒸餾、媒組、加氫脫硫、媒裂及烷化、輕油、硫磺、石油焦等多座工場。

第四期四年經建計畫（1965-1968）後期，臺灣經濟快速成長，軍民用油激增。1968 年，高廠興建第一座輕油裂解工場（一輕），生產乙烯等基本原料，臺灣正式進入石化業時代，也奠定了石化工業蓬勃發展的基礎。1969 年，楠梓加工出口區成立，大量就業人口湧入，為後勁地區帶來了新氣象。

1974 年，政府推動十大建設，石油化學為其中之一。1979 年，十大建設陸續完工，一切為經濟前提下，工商益形發達，人口更加集中，結果卻使環境日益惡化。隨著經濟轉型，臺灣的社會型態也逐步由農業過渡到工、商業，緊扣社會脈動的高廠，發展亦漸達巔峰，各類工場陸續興建。高廠的擴張及楠梓加工區設立，不但加速左楠區域發展，也改變周邊社區樣貌。

一直以來，高廠與鄰近社區即存有既依附又對立的曖昧關係，表面雖相安無事，實則外弛內張。1987 年，臺灣解除戒嚴，黨禁、報禁開放，各種社會運動風起雲湧，加上環保意識抬頭，民眾抗爭日漸頻繁。就在這年，中油宣布興建第五輕油裂解工場（五輕），已達臨界的緊張情勢終於爆發。後勁居民成立自救會，強烈反對五輕興建，高廠象徵——西門被圍，工期延誤，鄰里關係徹底解構。

後勁反五輕事件，不但影響當時的政經情勢，也成為日後探討環境議題的指標，對遭逢有史以來最大挫折的高廠來講，更是命運的分水嶺。幾經折衝，五輕工場於 1990 年開始裝建，1994 年順利投產。雖曾經創下輝煌生產紀錄，也解決部分石化原料不足問題，但關（遷）廠問題卻始終如影隨形。

2015 年，走過七十年歲月，被視為臺灣石化業原鄉，中油「起家厝」的高廠，終因信守五輕動工時對鄉親的承諾而關廠。作為重要伙伴，全盛時期達 46 座工場，存在逾四分之三世紀的煉油工業，正式退出半屏山。而關廠後所迎來的都市計畫更新及科技園區設置，則將為後五輕時代的高廠帶來新風貌。

1952 年創校的後勁國小，其校歌歌詞有段極為寫實的地景描述：「屏山青翠　阡陌縱橫　煉油火炬　燻燻上升」。從容入鏡的半屏山色、田園、燃燒塔，交織成自然而和諧的畫面。鄰里關係看似協調，但實際上，從日治時期供應海軍用油，戰後被列國防工業，加上石油煉製的產業特性，高廠長久以來即自成封閉體系，外人難窺堂奧。縱使因後五輕時代來臨，空間轉變，油廠原有的特殊風貌已漸為人知，但歷經七十幾年歲月堆疊的高廠，似仍保有一定程度的神秘色彩。

作為油廠員工，筆者因地利之便，有著比外人更多的機會走訪廠區與宿舍區，對高廠整體樣貌亦有較多認識與了解。深感其跨越日治與民國，見證臺灣政經發展、社會變遷，積累的文化底蘊深厚。除經主管機關指定的文化資產外，應還有許多藏於不同角落，能印證高廠歷史的人、事、物，等待被發掘、值得被書寫。於是，有了本書各篇。

回想當初，除想發掘、記錄更多關於高廠的故事外，部分篇章其實係以類似搶救的心情書寫。尤其當外界正思考如何保存與活化，只留下大煙囪、觸媒工場等少數遺跡的新竹六燃時，更覺得我們怎能放任擁有多處歷史現場的高雄六燃，正點點滴滴地流逝在世人眼前。因此，只要當下心有所感的人、事、物，都會成為我的寫作素材。總是單純地希望，能趕在設施消失前的有限時間內，以自己微薄的力量，多替高廠留下些紀錄。

本書分人物、建築及運作軌跡等三個單元，皆寫成於 2015 年關廠之後，部分曾刊於《石油通訊》及《高雄文獻》。內容雖僅為高廠發展脈絡下的歷史抽樣，但也總算讓我們能多少捕捉它的樣貌與神情。

「時代身影——日治與戰後初期的高廠人物抽樣」：人是決策與運作的靈魂，本單元記述人們較陌生的日治時期、戰後初期廠長及中國渡臺與有六燃經驗的前輩事跡，以向幾十年來在這塊土地耕耘過的人們致敬。

「再會吧！紅磚屋——高廠建築巡禮」：建築是人際運作的場所，也是最能體現人類活動的空間。本單元對高廠各時期建築、名師作品及附屬設施等，做簡單巡禮，並敘述筆者與紅磚屋的關係，讓我們在瀏覽時代風華的同時，亦能感受人與建築間的溫潤情懷。

「歷史光影——高廠的運轉軌跡」：分別以防空洞、工場沿革、鐵路運輸、路名形成及廠校歌等，記錄高廠煉製、公用、儲運及管理等部門，在各個階段所交織而成的發展軌跡，這些紀錄也是為你我所共同留下的高廠記憶。

本書原取名：《再會吧！紅磚屋——關於高雄煉油廠的一些記憶》，源自建築篇〈再會吧！紅磚屋〉一文，該文記述筆者與建於日治時期紅磚屋的關係及房屋被拆前的心情感受。面對廠區風貌即將因土地開發產生重大變化，「再會吧！」一詞，除向消失的紅磚屋道別，其實也是在向高廠既有紋理道別。此外，本書為個人工作生涯結束所留下的作品，亦有向工作告別之意。副題「關於高雄煉油廠的一些記憶」，則寓有人們對廠的記憶及以高廠為角度的歷史回顧，雙重意涵。

細數工廠人生，自 1981 年進廠至 2022 年退休，逾四十載。平日固喜隨筆為文，也累積一些篇章，然自忖並無好文采，唯一希望是能在輕揮衣袖之前，整理寫就的文字，祈能為平凡的油人生活，留下紀念。這些文字與圖片，就如同抵達最終驛站時所保留的票根，儘管戳記或已模糊，但仍會是旅途中最值得裱裝的回憶。

本書完成，除感謝長官、好友督促與協助，巨流圖書精心編印，更要感謝高雄市立歷史博物館，願意給一個基層勞工分享文字的機會，讓本書得以出版。惟個人才疏學淺，資料闕漏勢所難免，還請讀者諸君見諒，不吝指導。期待本書能替高廠加深歷史輪廓，也算是個人一路走來受公司照顧的回饋，而如能再為城市增添色彩，那更會是美事一樁！

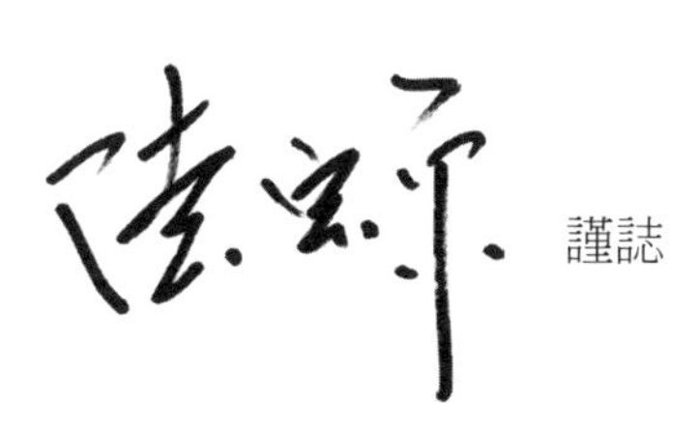
謹誌

目錄

再會吧！紅磚屋 —— 高廠建築巡禮

歷史光影 —— 高廠的運轉軌跡

時代身影

高廠人物抽樣
日治與戰後初期的

高雄煉油廠（高廠），自日治末期1942年籌建第六海軍燃料廠（六燃）開始，至2015年停止操作，近四分之三世紀的發展。歷經日人精心規劃、二戰盟軍轟炸、戰後積極復建、配合經濟發展及受挫環保抗爭，終致走向關廠等。以人生為喻，七十歲月，足從嬰兒呱呱墜地到意氣風發的青少壯年，而至跨越事業顛峰，步下生命舞臺。

戰後，受戰爭蹂躪，急需重建的高廠，正需大量人力投入。為此，中油公司除於上海、臺灣兩地招考人才外，亦召回有六燃經驗的工作同仁。這些投入復建的青年生力軍，經歷動亂時代，遭戰火洗禮，但他們充滿不畏艱難的生命韌性。

細數高廠歷史，雖經政權遞嬗，然在歷任廠長領導及同仁配合下，從草創到輝煌，每一階段皆能達成設定目標，創造預期成果。值此高廠面臨重大改變之際，想望當年前輩們的努力身影，似仍讓人不能或忘。

幾十年經營的高廠，各不同領域表現傑出，名見經傳者眾，但更值得記述的是許多默默耕耘的無名英雄。本單元擇取日治及戰後初期的類型人物作為敘述對象，以向承先啟後的運籌帷幄者及辛勤勞苦的現場操作者們致敬。

戰火下的日籍菁英
六燃時期的廠長們

一、六燃的時代背景

18 世紀，日本船艦以燃煤為主，石油尚未受到重視。日俄戰爭後，軍方擬定軍備計畫，進行重油能源研究。確立由煤轉油後，因能源種類轉變，日本開始探究石油煉製議題。1921 年制定〈海軍燃料廠令〉，設石油煉製廠，此類機構設立，開啟大正時期日本海軍燃料改革。九一八事變後，日本設燃料局，推動石油生產研究。1931 年設燃料研究所，1939 年於四日市建海軍燃料廠。

二戰期間，美國對日實施禁運，日本便將矛頭轉向天然資源豐富的東南亞國家。太平洋戰爭爆發後，日本占領馬來西亞、菲律賓、印尼等地油田。此時，日本國內煉油設施已無法滿足需求，乃有新燃料廠興建計畫。1941 年日本決

1943 年 9 月，六燃精製部普通科一期，二燃實習終了
© 嚴世敏提供

定設新燃料廠於臺灣，理由為臺灣介於東南亞油田與日本本土間，不論原油輸送或成品供應皆適合建廠，「第六海軍燃料廠」（簡稱六燃）[1]就在此背景下展開籌建事宜。

六燃籌建初期稱「臺灣海軍燃料廠」（簡稱臺燃），由時任四日市二燃廠長別府良三任建設委員會委員長，並以二燃廠為規劃藍本，人員養成亦選送至二燃受訓，[2]再回六燃工作。《第六海軍燃料廠探索——台灣石油／石化工業發展基礎》：「最初的基本構想為分高雄本廠、新竹支廠、新高支廠三處建造，其要點為高雄本廠為以煉製原油為主體的燃料廠，相當於將日本國內四日市的二燃減少合成部與化成部的內容。」[3] 1943年臺燃預算批准，建（廠）設工作正式展開。隔年4月，臺燃舉行開廳儀式，定名第六海軍燃料廠，落腳半屏山下的六燃本廠同時正式運作，下設總務、會計、醫務、精製等部及新竹合成部、新高化成部等。

二、首任廠長——別府良三

別府良三（Ryozo,Beppu），三重縣人，生於1892年，日本海軍機關學校畢業，曾任佐世保軍需部課長、燃料廠研究部員及製油部、精製部長等職。1939年升海軍少將，1941年任二燃廠長，隔年任臺燃建設委員長，1943年晉升中將。1944年4月1日任六燃廠長；同年6月1日，海軍發布福地英男為六燃廠長，別府調軍令部，同時派荒木拙三少將為囑託，[4]督導六燃廠務。

1944年8月別府調預備役，其任六燃廠長僅兩個月。別府自建設委員長、六燃廠長至交棒福地英男，總計在半屏山下生活近兩年。

別府於二燃設立時即參與建廠，為日本海軍燃料界第一把交椅，當初選派其任六燃籌建委員長，即是看重他豐富的實務經驗。有關別府其人，我們可從

文件資料判斷，其行事風格應頗嚴謹，落實於公務則事必躬親。這從下列事情可看出端倪：如籌建期間親訪臺灣總督長谷清川；亦親訪銀行、電力、製糖等公司及實業界人士尋求協助；甚至為了廠內植栽，還親至鳳山熱帶園藝試驗支所請求支援等。

偶會因施作理念與部屬爭辯的別府，看似難以溝通，實則有其親和與生活化的一面。例如，建廠期間別府曾指示優先解決員工住宿問題，在空地種植香蕉，以改善食品條件等。日治時期高等科畢業的高廠退休員工李阿松先生表示，當年他在旗津遇到正要來建廠的別府良三，在先生引介下，未經考試就直接被送至日本的潤滑油工廠實習，再回六燃精製部工作。

整備部高橋武弘回憶：「操作穩定後晚上有空時，我們這些年輕人常常在集會所圍繞著委員長和白石中佐，聽他們之建設艱苦談或請教橋牌。」[5] 任職醫務部的曾我立己則談到別府廠長雅愛蝴蝶蘭，負責照顧的同仁還曾因忘記澆水而挨罵。

1945 年，別府解除公職。1950 年，以煉油專長受聘昭和石油公司常務董事，

1|2|3

1. 別府良三肖像
©《第六海軍燃料廠探索》
2. 1944 年高雄建設事務所職員合影（前排中為別府）
©《第六海軍燃料廠探索》
3. 今高廠總辦公廳為六燃廠開廳後之辦公廳舍

任內爭取將國有的四日市前海軍二燃廠賣給昭和石油。1955 年，日本內閣同意由昭和石油取得經營權，此一決定使四日市石化工業有了關鍵性發展，現已成為日本大型石化基地之一。

1953 年 12 月，別府於昭和石油常務董事任內逝世，享壽 61 歲。別府離世後數年，昔日部屬六燃第三任廠長小林淳、精製部部長福島洋等人，曾於東京為其舉辦追悼會，以懷念這位在他們心目中，為海軍燃料界留下偉大足跡的前輩。

別府於臺燃建設委員長及六燃廠長期間，運籌帷幄。雖處戰時，仍統整相關部門，努力達成任務。1944 年 3 月完成第一蒸餾工場建置，4 月舉行第六海軍燃料廠開廳儀式，下旬第一船原油安全送至半屏山油槽，5 月依計畫開始第一蒸餾裝置試爐。

由六燃廠轉換的高廠，也自此由日治時期到國府時期，開展其艱鉅但又精彩的一生，直到 2015 年畫下句點。

三、第二任廠長——福地英男

福地英男（Hideo, Fukuchi），佐賀縣人，生於 1893 年，日本海軍機關學校 24 期畢業，1936 年晉升海軍大佐，任第一水雷戰隊機關長。隔年 12 月任軍需局第二課課長，1939 年 11 月任第二遣華艦隊機關長，曾配合日本陸軍偷襲廣西欽州灣。1940 年 11 月任橫須賀鎮守府機關長。1941 年任第一艦隊機關長，進入中國東南沿海地區，隔年 11 月晉升海軍少將，1944 年 6 月 10 日接任六燃廠長。

1945 年 4 月，福地調離六燃廠，任艦政本部造船造兵監督長，負責造艦相關事務，六燃廠長由小林淳接任。其自 1944 年 6 月至 1945 年 4 月，任六燃廠長約十個月。1945 年 8 月，福地調軍需省中國軍需監理部長（此處「中國」指日本山陽山陰地區，包括廣島、岡山、鳥取、島根、山口等五縣），8 月 17 日，得知天皇宣告無條件投降，自殺。死後追晉中將，享年 51 歲。

時間回到 1942 年，此時軸心國已敗相漸露，日本在亞洲戰場亦節節敗退。1944 年 11 月起，盟軍大規模轟炸東京，人員傷亡慘重。1945 年 2 月，裕仁天皇召見曾任總理大臣的近衛文麿，近衛表示，戰爭失敗已無可避免，必須研究儘早結束戰爭的方法與途徑。隨後，日軍於硫礦島、沖繩島等戰役陸續失利，日本列島面臨盟軍進攻危機，臺灣則持續遭受盟軍空襲。

福地在日本戰事已呈頹勢下，仍加緊六燃建設，在其十個月廠長任內，完成了第二蒸餾工場，並準備建造第三蒸餾工場，接觸分解裝置亦於 1945 年 1 月準備試爐。

四、第三任廠長——小林淳

小林淳（Kobayashi, Tadashi），群馬縣人，1894年生，海軍機關學校畢業，曾任燃料廠製油部部員、第三燃料廠總務部長、大阪警備府機關長。1939年11月升海軍大佐，1941年調任第二燃料廠精製部長，1944年9月調任六燃廠化成部長兼整備部長，同年10月晉升海軍少將。

小林淳肖像
©《第六海軍燃料廠史》

1945年2月，因空襲頻繁，高雄警備府移往臺北，六燃本部亦由高雄遷往新竹。此段期間小林先後兼任合成、化成及總務部長，同年4月21日升任六燃廠長。

1945年8月，美軍分別在日本廣島與長崎投下原子彈，8月15日天皇宣布無條件投降。日本投降後，六燃高雄廠由福島洋大佐等人看守，小林淳任六燃廠長僅四個月，隔年3月調預備役。退役後的小林淳於老家近郊一間纖維工場任場長，繼續貢獻其所學。1974年12月逝世，享壽80歲。

太平洋戰爭期間，為阻斷在臺日軍增援南洋，盟軍對臺展開轟炸，日本在海外最大油料供應廠「六燃」，成為重要目標。但小林廠長仍在空襲下完成真空蒸餾裝置，並將第三、第四原油蒸餾、潤滑油、酵素製造裝置、氧氣工場等移至半屏山，惟這諸多設施還來不及運作，即因戰爭結束宣告停止。

五、終戰之後

戰後，國民政府成立石油事業接管委員會，接收歷經別府良三、福地英男及小林淳等三位日籍廠長，共營運約一年四個月的六燃廠。

六燃原以提供軍方用油為主，原油蒸餾為主要設備，在三位廠長及各部努力下，在高雄地區完成第一、第二蒸餾、接觸分解及真空、化學、製桶等多處裝置，另為躲避盟軍轟炸，遷建「洞窟工場」於半屏山等。而當初為工場運作之需，所建置之道路交通、油料輸運、公用水電、物料倉儲、修理維護等系統及員工宿舍等，亦皆粗具規模，可說已為高廠日後發展奠下扎實基礎。

門前防空洞是走過烽火歲月的見證（後勁宿舍）

規劃完善的六燃高雄廠，在國民政府接收後，於1946年6月1日改名「高雄煉油廠」，隸屬中國石油有限公司。當初日本精心擘劃，涵蓋高雄、新高、新竹的六燃廠，如今因高廠關廠，僅留部分設施供人討論去留，令人不勝欷噓！

六、一些感想

七十餘年前，日本徵收後勁農地興建燃料廠。使得半屏山下的產業景觀有了明顯改變，成為管線縱橫、塔槽高聳之地，居民也由農民、地主變工人。七十幾年後，這塊土地卻也由後勁人自抗爭中，讓煉油廠停止運作。而未來，「高廠」與「六燃」，勢將沒入滾滾的時代洪流，成為歷史名詞！

走過車馬稀落的廠區，我們可以想像六燃的籌建與高廠的興衰。細數日籍廠長們短暫駐足的歲月，不管是廳舍事務所、宿舍或亟需建設的廠區，相信皆有他們努力的身影。

從六燃到高廠，多少人來了又走，走了又來，儘管他們腳步紛亂，卻也都標示著歷史的進程。最終，是帶走無限回憶，亦或只是片段人生？相信都會是他們一生中無法磨滅的記憶。

聽著鳥語，聞著花香，看著四季在欖仁葉間流轉。雲煙過往，物換星移，誰還會記得這塊管線縱橫、塔槽林立的土地，曾是廣袤的蔗田？有誰會在意門前僅存的防空洞，是那段烽火歲月的見證？而日式建築中，又有過多少悲歡離合，多少次杯觥交錯？

古人不見今時月，今月曾經照古人，在此生活過的殖民統治者，早已埋骨東瀛，而屋瓦上的青綠苔痕，在一樣的月光映照下，是否仍如往昔？！

本文曾刊於《石油通訊》第 815 期，2022 年出版前改寫

註｜

1. 1941 年 4 月 21 日，日本海軍以內令第四百十號編定各燃料廠名稱及廠址，依序為：第一廠（神奈川縣橫濱市大船）、第二廠（三重縣四日市）、第三廠（山口縣德山市）、第四廠（福岡縣槽屋郡新原）、第五廠（朝鮮平安南道平壤府）、第六廠（臺灣高雄州高雄郡），除第四、第五為採煤、煉炭外，餘皆具煉油功能。
2. 1939 年，第十七任臺灣總督小林躋造宣示治臺三大方向：皇民化、工業化與南進基地化。其中重要事項為召募燃料廠等石油工業軍人（屬），包括臺灣第六海軍燃料廠及婆羅州海軍燃料廠等。為掌握能源及南進所需，人員須予專業培訓，如拓南工業戰士訓練所，即為因應開採、提煉南洋石油之需而設。第六海軍燃料廠則選派人員至四日市二燃廠工員養成所（1942-1945）研修。課程有國語（日語）、代數、化學（實驗）、教練（軍訓與劍道）、製圖設計等。回臺後先入左營海軍兵團，再分發至六燃各廠（高雄、新竹、新高）。
3. 林身振、林炳炎編，黃萬相譯，《第六海軍燃料廠探索——台灣石油／石化工業發展基礎》（高雄：春暉，2013），頁 124。書名於後簡稱為《第六海軍燃料廠探索》。按：本書主文譯自第六海軍燃料廠史編集委員會編，《第六海軍燃料廠史》（東京：高橋武弘，1986），書中詳細記載六燃建廠過程，資料豐富完整，是探究六燃歷史相當重要的著作。
4. 荒木拙三，海軍少將，愛知縣人，生於 1888 年。六燃建廠期間，以臺灣鐵工業統制會理事長身分，以勒任（天皇任命）待遇協調六燃建設相關事宜。1944 年 6 月 1 日任六燃廠業務囑託， 1946 年 4 月解除囑託。1950 年 8 月歿，享壽 61 歲。囑託，督導之意，資深官員監督協調之意。
5. 林身振、林炳炎編，黃萬相譯，《第六海軍燃料廠探索》，頁 284。

獨在山中人未識
幾被遺忘的廠長沈覲泰

高廠前身為日本「第六海軍燃料廠」高雄廠，戰後由國民政府接收，始改名「高雄煉油廠」。發展過程雖經政權遞嬗，但在歷任廠長領導下，皆能達成預定目標。其中，介於日人籌建與中油復建的過渡階段，有位較不為油人所知的廠長——沈覲泰。

沈覲泰因奉派接收六燃高雄廠並兼任廠長，而短暫掌理煉油廠業務。因此，明確來說，戰後高廠第一位廠長應為沈覲泰，賓果則是 1946 年中油公司成立後首任廠長。

一、任接收廠長

沈覲泰，原名淦，福建閩侯人，1911 年生於江蘇鎮江，為清代名臣沈葆楨[1]之後。幼習詩詞，及長，入廈門大學化學系，畢業後赴英留學，獲伯明翰大學石

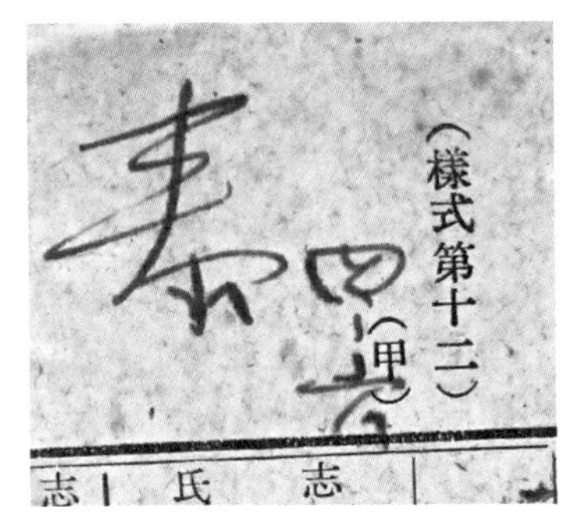

1 | 2

1. 沈覲泰肖像
© 廈門大學美洲校友會
2. 沈廠長簽名式

1945 年與日方的交接在六燃廳舍（今高廠總辦公廳）二樓進行

油化學碩士，續修博士課程。1937 年，中日戰爭爆發，奉召回國，任經濟部資源委員會動力油料廠工程師，曾利用菜籽油、桐油及花生油等，以裂解方式製造汽、柴油。1941 年任甘肅省酒精廠廠長，創造能用於替代汽油的酒精。

1945 年 8 月，日本戰敗投降，軍方先行接管六燃廠，後政府決定由經濟部「石油事業接管委員會」派員接收。接管委員會由金開英任委員長，並派沈觀泰為高雄廠廠長。沈與負責接收的李達海、劉魁餘等人，於 1946 年 2 月抵達左營後，即與代理的福島洋大佐進行交接。

文件記載，交接係於廳舍（高廠總辦公廳）二樓舉行。期間，沈廠長與日方保持良好互動，事後代表日本交接的福島洋大佐等人，並受邀參加沈廠長在軍官俱樂部餐廳舉行的慰勞會。

為重建高廠，沈廠長希望能留下日籍技術人員，以協助設備維修和試爐。惟為加速遣返作業，政府限定日籍人員離臺時程，1946 年 4 月，廠內最後一批日籍人員返國，六燃高雄廠正式由接收人員與臺籍員工接手。高廠《廠史》記載，1946 年初，高廠契約文件等，即已由沈廠長用印及署名。[2] 1946 年 6 月 1 日中油公司於上海成立，發布賓果為高雄煉油廠廠長，沈觀泰於當年 5 月底離廠。

戰後，臺灣因剛脫離戰爭，社會秩序尚待恢復，治安問題叢生，廠裡財物遭竊，時有所聞。為免意外發生，沈觀泰廠長曾請求軍警協助，但效果不彰。為此，當時高雄市官派市長連謀，特別贈送沈廠長手槍一把，以為自衛。惟沈廠長乃一介書生，使用槍枝對他來講，實屬為難之事，後幾經思索，決定原槍奉還。此段軼事除反映當初的社會現象，也可顯見接收時所須面對的種種困難。

二、掌理嘉義溶劑廠

中油公司發布由賓果接任高廠廠長後，沈觀泰於 1946 年 6 月改任上海總公司員工管理室主任。1947 年 5 月調嘉義溶劑廠首任廠長，開創丁醇、丙酮等有機溶劑產品外銷英、澳等國，其浸沉法醋酸發酵之成就，獲國際好評。

嘉義溶劑廠可溯自二戰期間，時因美國禁售石油，迫使日本須尋找新油源，此時除獲取東南亞原油外，可提煉汽車、飛機燃料的丁醇、丙酮等有機溶劑，亦漸受重視。1938 年，日本於嘉義設「臺灣拓殖株式會社嘉義化學工場」（Takushoku Kabushiki Co.），利用中央研究所技術，採用嘉南平原的番薯等為原料，以醱酵法產製丁醇、丙酮、酒精等溶劑，再煉成汽油及航空燃油供

戰後接收之嘉義溶劑廠
©《中國石油工業史料影集》

軍方使用，可說是日本海軍的秘密工場。其與嘉義車站間建有鐵道，方便產品運送，為當時全球最大發酵式有機溶劑工廠。

1943 年，臺灣拓殖株式會社與日本麥酒株式會社合組「台拓化學工業株式會社」，除持續自身業務外，並計劃協助六燃廠發展發酵醇技術。1944 年海上運輸受阻，丁醇、丙酮被迫停產。1945 年受美軍空襲，工廠全面停工。戰後由「臺灣省拓殖株式會社接收委員會」監理，1946 年 5 月交石油事業接管委員會接管，名「嘉義丁醇廠」。歸中油公司後改稱「高雄煉油廠嘉義工場」，1947 年正名「嘉義溶劑廠」。

戰後，嘉義溶劑廠積極修復損毀廠房，復工後技術、產量屢有突破，此期正為沈觀泰掌理廠務階段。1950 年 3 月沈觀泰升任公司協理仍兼溶劑廠廠長，1953 年專任協理，其後調任中油公司所屬之經濟部聯合工業研究所所長。[3]

1962 年沈觀泰出任行政院美援會第一處處長。1964 年借調聯合國，任聯合國亞洲及遠東經濟委員會顧問。1969 年返臺，任行政院國際經濟合作發展委員會顧問，並任中國石油化學工業開發公司首任董事長。1971 年再度由聯合國借調泰國工作。1985 年 9 月因心臟病猝逝，長眠美國洛杉磯，享壽 74 歲。

三、豐富經歷

沈觀泰除任政府要職外，因學經歷豐富，屢獲聘擔任民間團體或學會重要職務。歷任臺灣招商局董事會監察人、國立交通大學在臺復校籌備委員會委員、財團法人人造雨研究所董事及台灣化學工程學會理事、理事長等職。並曾由政府指派為原子能和平用途國際會議代表團顧問，1961 年以經濟專家身分隨外交部長沈昌煥赴菲律賓，出席四國外長會議。

擁有石油化學專業的他，生前發表多篇作品，研究論述涵蓋人造雨、生化、原子及經濟發展等，曾於《石油通訊》發表〈人造雨的理論及試驗經過〉、〈日本之溶劑工業〉、〈甲醇為石化原料之研究〉、〈甲醇摻和汽油之擬議〉及〈以生化物質為石化原料〉等文。著有《新能源化學品——甲醇》、《潮汐發電可行性之探討》、《鋅元素的奇迹》、《硒元素的奇迹》、《美國戰略性石油儲備》及《阿根廷核能工業之發展》等。

四、獨在山中人未識

歷史是面鏡子，反映社稷興替與時代變遷，為政者可賴以為鑑或引以為戒，此理放諸企業亦然。面對走過七十幾年的高廠，我們究竟該在幾番晴雨中，撿拾殘存記憶？抑或就讓它逐漸消失於無垠時空？當諸多討論僅能圍繞建物設施保留與高廠對臺灣經濟發展的貢獻之際，關於此地的人文事跡，是否更值得你我關心與闡揚！

在廠區空間樣貌急遽改變的當下，重新翻閱歷史，不論日治或戰後，建廠或拆廠，各時期的廠長們，皆能圓滿完成任務。但當我們在敘述戰後的高廠歷史時，仍慣以賓果廠長為開端，這對作為接收人員及兼任廠長的沈覲泰而言，似乎有些不公。當筆者進一步了解其生平事蹟後，覺得應將之整理成文並以「獨在山中人未識」為名，讓這位幾被油人遺忘的廠長，能重新被標定於高廠的歷史座標。

沈覲泰畢業於中國廈門大學，因表現傑出，廈門大學將其列為著名校友，並稱沈覲泰為臺灣石油之父、中油公司創辦人、總經理[4]等。有關廈門大學對沈覲泰的描述，如稱其為臺灣石油之父，見解上或可討論，然其作為戰後高廠首位廠長，雖任期不過短短數月，所遺資料又不多，但仍應值得在書寫高廠歷史時，給予適當定位。

沈覲泰廠長為清代名臣沈葆楨之後，[5] 幾年前中研院曾選出從 1860 年臺灣開港到 1960 年戰後，這百年來影響臺灣國際化的八位重要歷史人物，[6] 沈葆楨即為其一。因此，如能連結其在臺事蹟，除可讓相隔七十年的祖孫兩代在臺表現，前後輝映外，也可為中油發展增添一頁兼具故事性與歷史性的精彩篇章。

本文曾刊於《石油通訊》第 815 期，2022 年出版前改寫

註｜

1. 沈葆楨，福建閩侯人。1874 年，臺灣發生牡丹社事件，清國派沈葆楨任海防欽差大臣，來臺籌辦防務（1874-1875）。沈於安平及打狗（旗后）設砲臺，並駐兵東港、枋寮等地。事件平息後，其有感臺灣須增進防務能力，遂奏請增設恆春縣及臺北府，並修築各地城垣。為開山撫番之需，闢建「八通關古道」，其他如奏准減稅、廢渡臺禁令等政策，均對日後臺灣產生重大影響。
2. 依高廠《廠史》，沈廠長之官用印章字樣為「經濟部台灣區特派員辦公室石油事業接管委員會高雄煉油廠廠長沈覲泰」。參考自高雄煉油總廠《廠史》（高雄：高雄煉油總廠，1981），頁 3。
3. 「聯合工業研究所」前身為 1936 年 8 月成立的「天然瓦斯研究所」，隸屬臺灣總督府，戰後由資源委員會接收，改名「天然氣研究所」。1946 年 1 月併入中國石油有限公司，改名「中國石油公司新竹研究所」，並納臨近六燃新竹廠研發中心。1954 年改隸經濟部，名「聯合工業研究所」。1973 年與聯合礦業研究所、金屬工業研究所合併，成立「工業技術研究院」。
4. 2001 年出版之《金開英先生百年誕辰紀念文集》，有「金開英先生奉派兼任經濟部國營事業首任司長（四十一年九月至四十三年六月），中油公司總經理由沈覲泰先生代理」等字樣。按此，沈覲泰不但曾為公司協理（1981 年 10 月改稱副總經理），亦曾代理過總經理。
5. 沈葆楨育有子女 7 名，覲泰為沈葆楨四代孫，其應稱沈葆楨為曾祖父，祖父為沈葆楨三子璘慶。2012 年 8 月福建省《炎黃縱橫》雜誌記載，沈覲泰曾過繼給沈葆楨第七子琬慶為孫（按：琬慶娶林則徐孫女林步荀為妻，林步荀留學日本，曾加入同盟會）。1911 年，琬慶年僅 24 歲獨子沈綱因病去世，林步荀遭喪子之痛，乃過繼覲泰為孫，親自教誨，管教甚嚴。林步荀長於詩詞，不但教覲泰作詩，亦引導其向科技方面發展。在覲泰 17 歲時，延聘名師在家教授化學，冀望將來對國家建設有所裨益。沈覲泰後來在石化領域有所成就，實應歸功林步荀的悉心栽培。
6. 八位重要歷史人物，除沈葆楨外，餘為：日治初期鹿港六大貿易商號之一的謙和號許家、曾握日本、臺灣、中國、東南亞至東北亞貿易網絡的長崎泰益號（金門）陳家、由有「民間總督」之稱的三好德三郎所創設的臺北辻利茶舖三好家族、臺灣人首次以西畫跨進日本官展門檻的畫家陳澄波、戰後臺灣第一位鋼琴女教授鋼琴家高慈美、與蔣渭水成立臺灣文化協會並有臺灣議會之父之稱的民主先驅林獻堂和日治時期投身臺灣民族運動的自治運動家楊肇嘉。中研院蒐集以上八位人物家書、照片、畫作等資料，透過他們遍及亞、歐、美的足跡，可了解臺灣國際化、現代化的發展。

獨留青塚向黃昏
賓果廠長二三事

賓果為 1946 年中油公司成立後，首任高雄煉油廠廠長，任內時刻以廠為念，積極復建，甚至因試驗汽油而殉職，其事蹟也最為同仁所懷想。

1950 年 6 月《拾穗》雜誌，刊登一篇賓廠長殉職悼念文，作者筆下的賓果，是位身材壯健、略矮，但隨時精神勃勃，除煉油，對繪畫、攝影、蘭藝及養雞等皆有深刻研究的廠長。賓廠長殉職至今已逾七十年，吾人雖無緣親見其風範，但透過文獻整理，似仍可感受到他的精神與為人。

一、賓果生平

賓果，字質夫，湖南湘潭人，1910 生，幼居北平。家境清貧，常以半工半讀方式維持學業。1932 年以清華大學化學系第一名畢業，任職經濟部地質調查

1｜2

1. 賓果廠長肖像　© 中油公司煉製事業部
2. 賓果廠長印章樣式

所燃料研究室，在植物油裂煉汽油上，曾獲專利肯定。1937 年以獎學金赴美留學，1940 年取得賓州大學燃料化學工程博士。

戰後，國民政府接收六燃廠，時尚未接任廠長的賓果，即曾與美國專家至高廠考察。1946 年 6 月 1 日中油公司成立，發布賓果為高廠廠長，1948 年升任協理（仍兼廠長）。1950 年 5 月 5 日，因研發 80 號汽油不幸爆炸，與當時的化驗室主任俞慶仁雙雙殉職。[1] 兩人除獲總統褒揚外，公司亦於臺北舉辦追悼會。由於賓廠長在臺並無親人，廠方擇定守護高廠的半屏山為其長眠之地，並為其修築墓園。

二、殉職始末

1950 年代，臺灣尚處兩岸對峙時期，當時高廠肩負提供軍需用油重任。為早日達成目標，賓果廠長和俞慶仁主任常於下班後在化驗室試驗軍方所需汽油。事發當日下午，不幸於吹製玻璃時，因油罐爆炸，受傷嚴重，先後不治。有關殉職經過，時任高廠副廠長的胡新南在其訪談錄提到：

> 卅九年的五月四日那天下午四時五十分，我開著吉普車經過實驗室，看見賓果廠長的座車停在室外，知道他還在做實驗研究八十號汽油，我剛好有事要去找賓果廠長，……當我走到實驗室門口，……聽到轟然巨響，一股硝煙迎面撲來，……這才知道實驗室爆炸了，看到研究師俞慶仁全

俞慶仁主任像
©《高雄煉油廠廠訊》

> 身著火衝出來，在草地上翻滾，賓廠長也坐住地上高舉雙手，痛苦的哀嚎，……我立刻抱起賓廠長坐上我停在旁邊的吉普車，並叫救護車把傷勢嚴重的俞研究師送到海軍八〇二醫院急救。[2]

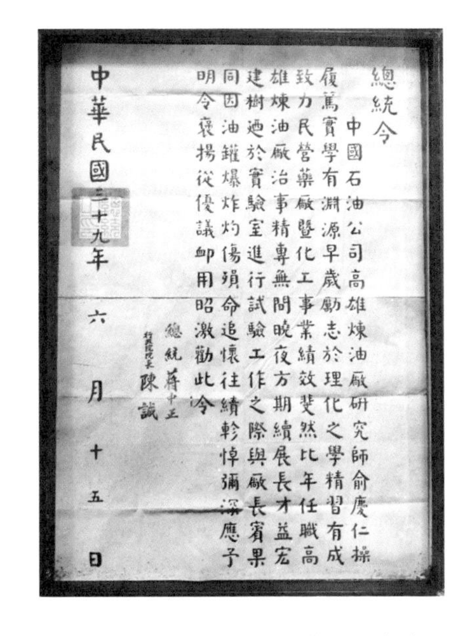
總統令
中國石油公司高雄煉油廠研究師俞慶仁操履篤實學有淵源早歲勵志於理化之學精習有成致力民營藥廠暨化工事業績效斐然比年任職高雄煉油廠治事精專無間晚夜方期續展長才益宏建樹迺於實驗室進行試驗工作之際與廠長賓果同因油罐爆炸灼傷殞命追懷往績軫悼彌深應予明令褒揚從優議卹用昭激勸此令
總統 蔣中正
行政院院長 陳誠
中華民國三十九年六月十五日

現存於高廠煉油陳列館的褒揚令，為中油公司重要文物
© 黃文賢提供

本段描述，猶似發生你我眼前，讀來令人難過。

賓、俞兩人為研發 80 號軍用汽油，不幸因爆炸，傷重不治。當時不但造成中油公司和整個社會極大震撼，國家也因此損失兩位優秀石油人才。親眼目睹慘狀的胡新南，在其回憶錄提及那時他若早踏進一步，恐怕亦難逃一劫。事後政府也依據胡新南所呈報告，以總統名義明令褒揚。

三、賓果墓園

賓廠長殉職後，廠方於半屏山東北端為其修築墓園。墓園所在遍長木麻黃及原生林木，枝蔭茂密，同仁戲稱為「黑森林」。此處早期為後勁聚落墓葬區，周遭散置多座古墳，增添不少神秘氣氛。與賓廠長同時殉職之俞慶仁主任、接任的張明哲廠長夫人白靜一女士及多位任內過世的高廠油人，亦選葬於此。

1. 賓果墓園（重新整修前） 2. 賓果墓園（重新整修後） 1 | 2

墓塚呈方形，圍以石柱欄杆，中立花崗岩柱型墓碑，鐫刻銘文：「民國三十九年六月穀旦　燃料化學工程博士賓協理質夫上諱果之墓　中國石油公司高雄煉油廠立」。因位置僻靜，平日人跡罕至，雜草叢生，復因颱風侵襲，土方流失，逐漸崩壞。廠方會勘後，決依原貌重修，並增設排水溝導引雨水。2018 年清明節前夕，依習俗舉行重修竣工謝土儀式。周邊樹木經修剪後，環境變得更為清幽，循旁小徑而上可俯瞰廠區及楠梓、仁武、大社等地，視野遼闊。

四、賓俞紀念碑

賓、俞兩人殉職，公司於事發地點之高廠化驗室前立碑紀念，名「賓故協理質夫　俞故主任慶仁紀念碑」。原碑建於 1951 年，為高廠首座紀念碑，碑文：「賓質夫俞慶仁兩先生於中華民國卅九年五月五日因試驗高級汽油不幸同罹於難茲為紀念其功績昭著以身殉職之精神特立此碑永誌不忘 中國石油有限公司謹識」。1981 年改建，有蔣經國先生所題「盡瘁流芳」，是高廠重要精神象徵。

為感念賓、俞精神，廠方訂 5 月 5 日為因公殉職人員紀念日。每年該日前後，於碑前舉行紀念歷年因公殉職員工大會，獻花追思，故本碑又稱「公傷紀念碑」。除向兩位致敬外，亦具提醒同仁注意工作安全之意。

賓、俞二人因致力研發而犧牲，精神令人感佩。為表尊崇，化驗室旁道路並命名為「質夫路」與「慶仁路」。曾為中油子弟學校的國光中學則設有「賓質夫，俞慶仁先生獎學金」，提供優秀化工學科同學獎學金，並於紀念大會時頒發（現已取消）。此一每年舉行，在中油公司各單位，僅高廠才有的追思儀式，值得延續、保存。

賓、俞殉職所在化驗室，幾經重建，現為本公司綠能科技研究所辦公場所，其為具特殊意義事件位址，可思考與紀念碑、質夫路、慶仁路及周遭建物等，形成紀念園區。

1. 改建後之賓俞紀念碑（1981，後方為技術大樓） 2. 追思儀式
3. 質夫路路名標示牌 4. 慶仁路路名標示牌

1 | 2
3 | 4

五、洛島紅種雞

高廠占地廣闊，初建時廠房設備少，空地面積大，廠方曾利用部分土地從事農作，收成則分享同仁。既可利用土地亦有農作收成，可謂一舉兩得。俞王琇女士（俞慶仁主任遺孀）在其著作《半屏山下》一書提到，俞主任到臺灣後，常寫信給在上海的她，信中有如下敘述：「我住的宿舍是一棟日式的大房子，前後有落地的大玻璃窗……後院有前人留下的一間雞棚，等你們來了可以養雞下蛋。雞棚旁邊有一棵芒果樹，聽說是優良的品種——南洋芒果，可惜因看顧不周，還沒有成熟就被人採光了。」[3] 顯見日治時期以來，宿舍使用者即已習慣利用空地種植果樹或圈養家禽。今宏南宿舍幾乎戶戶庭院皆種有芒果樹，或許與此有所淵源。

賓廠長接任後，有感於宿舍同仁僻居市郊，休假時間不易打發。對養雞頗有研究的他，乃於廠長官邸前搭建雞舍，引進洛島紅（Rhode Island Red）種雞，期能推廣同仁飼養，以陶冶員眷生活及增加收入。多年後廠長官邸改為公差宿舍，賓廠長搭建的雞舍一度成為儲藏室。因位於高爾夫球場範圍，為避免飛球危險，現已拆除，從此廠裡少了一處與賓廠長有關的景物。

六、二二八事件

1947 年，因查緝私煙引發的二二八事件，快速延燒全臺。3 月初，高雄市區出現騷亂與攻擊事件，軍隊開始鎮壓，市區陷入混亂，情勢亦波及高雄煉油廠。時因廠內尚有七萬餘噸石油，為恐各方覬覦，加上接收初期的省籍隔閡，致事件發生時，外省籍人士常成攻擊對象。賓廠長與胡新南副廠長決定向軍

復建階段的蒸餾工場（1948）
© 中油公司煉製事業部

方要求派兵保護，但卻遭拒絕。

為維護外省同仁安全並保護煉油設備，臺籍員工與廠方協調，在確保工廠設備、人員安全無虞下，賓廠長同意由周石等人組成擁有槍枝的「義勇隊」，並勸說所有外省職員留在宏南宿舍，以策安全。由於事態緊急，為免節外生枝，原留在總辦公廳與周石等人斡旋的外省職員們，也只能配合由西門進入宏南宿舍，直到事件彌平。此事件為期兩週，被認為是「軟禁」（曾任《拾穗》雜誌總編輯的馮宗道語）的隔離生活才算結束。

義勇隊原欲保護油廠設備及外省同仁安全，卻因少數人員的不同主張及與廠內警衛隊產生誤解等因素，遭致軍方開槍鎮壓，並造成員工王天炳等 3 人死亡，多人被捕。[4] 曾任高廠廠長的李達海受訪表示，軍方對被捕之義勇自衛隊成員，原欲就地於廠前槍決，幸經賓廠長出面斡旋，而倖免於難。被拘押的同仁，也由賓廠長派副廠長胡新南於 3 月 10 日赴高雄要塞司令部保釋。

事件發生的 1947 年，正值高廠復建階段，修復中的第二蒸餾工場，原計劃於

2 月中旬由英籍油輪不列顛工業號（British Industry）自伊朗運抵的原油為試爐進料，怎奈事件發生，只能先將原油卸入苓雅寮油庫。

關於賓廠長在事件波及高廠時，同意臺籍員工組成自衛隊，事後於相關報告及證詞中，卻又指控自衛隊與外界勾結，意圖暴動。[5] 此一轉折，應有其在大環境下不得不然的情勢判斷。

二二八事件是臺灣歷史的一道傷口，如何看待本有不同觀點。論成因，省籍因素僅為其一，卻對日後的臺灣政治與社會發展，有著深遠的影響。當時的「義勇隊」究係為保護煉油廠抑或意圖暴動，至今仍難論定。但這段發生在半屏山下，距賓果接任廠長不過半年光景的「油廠二二八」，以及之後在廠裡隱然成形的省籍情節與階級落差，[6] 是所有欲探究高廠歷史者，必須清楚了解及面對的。

七、設窯燒磚

有高廠後花園之稱的半屏山公園，湖光山色，綠樹成蔭，是同仁重要休閒場所。園中幾處荷葉搖曳的水塘，其形成可溯自賓廠長時代。

二戰後的臺灣，剛脫離戰爭，社會秩序尚未恢復，治安問題叢生。接收之初，廠內存放的設備，常為宵小所覬覦。沈覲泰廠長時代雖曾請求軍警協助，但資材被偷等事仍時有所聞，甚至有以牛車入廠強行竊取者。二二八事件波及高廠後，賓廠長為加強人員與設備保護，決定於廠區、宿舍區加築圍牆。惟因物資缺乏，紅磚取得不易，賓廠長乃請同仁於半屏山等處挖取土壤，設置窯場燒製紅磚。

人工挖掘的半屏山公園水塘——秀荷湖

高廠挖土燒磚作為，至 1960 年代仍持續進行，是高廠自給自足的精神展現。當初挖土時所留窪地，注水後即成今半屏山公園水塘，因廠方曾於此種植荷花，故又稱「秀荷湖」。

八、捐贈藏書

煉油為專業工程，除從業人員須具備相關技能外，設立技術類圖書室，提供同仁解決技術瓶頸及增進專業知識，對煉油廠而言實屬必要。高廠也因此設有圖書室，供同仁借閱所需參考書籍。

戰後高廠，藏書不多，僅部分接收自日人的日文圖書及由資源委員會送來的化工手冊等。1948 年起，由負責部門選購國外煉製工程圖書及雜誌多種，賓廠長亦捐贈化工相關外文圖書一批，以豐富館藏。為此，廠方特刻「賓廠長贈送圖書之章」一方，蓋於書上，以資紀念。

賓廠長率風氣之先的捐贈之舉，不但影響了與賓廠長同時殉職的俞慶仁主任家屬，將俞主任生前藏書捐贈給廠裡圖書室，也擴及後來的高廠油人，甚至近來都還陸續有同仁捐書。

九、《拾穗》雜誌

重建時期，高廠大量引進人才，陸續完成工場修復工作。賓廠長為使同仁公餘之暇亦能發揮專長，決定創辦一本以翻譯為主的綜合性刊物。1950 年 5 月

賓果廠長描摩的《拾穗》封面，題字為吳稚暉
© 黃文賢提供

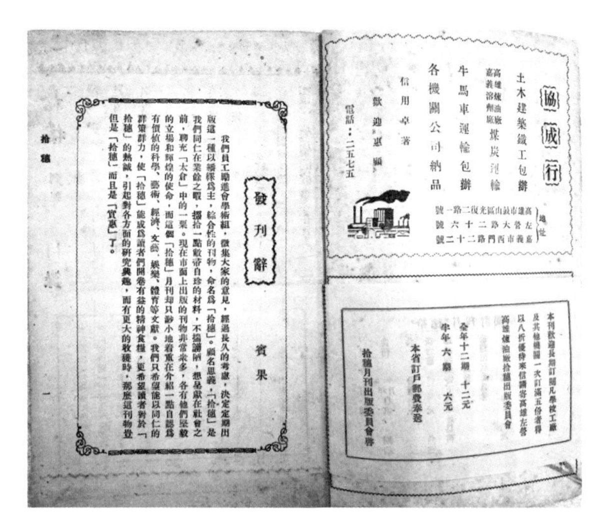

發刊辭

賓果

我們員工勵進會學術組，徵集大家的意見，經過長久的考慮，決定定期出版這一種以繙譯爲主，綜合性的刊物，命名爲「拾穗」。顧名思義，「拾穗」是我們同仁在業餘之暇，擷拾一點敝帚自珍的材料，不揣譾陋，想呈獻在社會之前，聊充「太倉」中的一粟。現在市面上出版的刊物非常衆多，各有他們堅毅的立場和輝煌的使命，而這個「拾穗」月刊却只渺小地着重在介紹一點自認爲有價值的科學、藝術、經濟、文藝、娛樂、體育等文獻。我們只希望能以同仁的群策群力，使「拾穗」能成爲讀者們開卷有益的精神食糧，更希望讀者對於「拾穗」的熱誠，引起對各方面的研究興趣，而有更大的收穫時，那麼這刊物豈但是「拾穗」而且是「實惠」了。

拾穗 一

協成行

土木建築鐵工包辦

高雄煉油廠 嘉義溶劑廠 煤炭理輸

牛馬車運輸包辦

各機關公司納品

信用卓著

歡迎惠顧

電話：二五七五

地址 高雄市鼓山區光復二路一號 左營大路二十六號 嘉義市西門路二十二號

本刊歡迎長期訂閱凡學校工廠及其他機關一次訂滿五份者得以八折優待來信請寄高雄左營高雄煉油廠拾穗出版委員會

全年十二期 十二元

半年 六期 六元

本省訂戶郵費奉送

拾穗月刊出版委員會啓

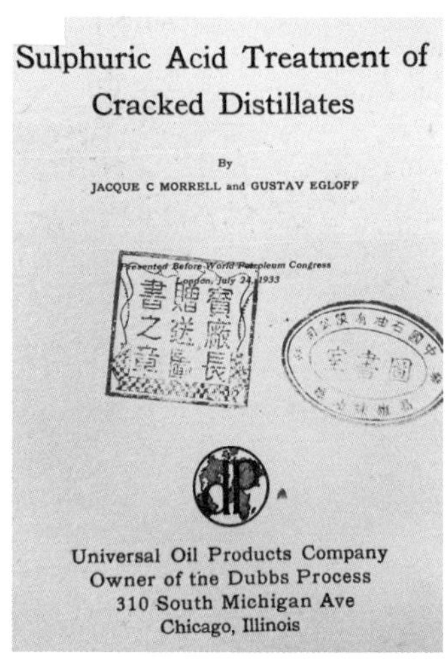

1. 《拾穗》發刊辭及訂閱資訊 © 黃文賢提供　2. 捐書章　1 | 2

1 日，《拾穗》雜誌創刊，賓廠長在發刊辭中提道：「我們員工勵進會學術組，徵集大家的意見，經過長久的考慮，決定定期出版這一種以繙繹（翻譯）為主，綜合性的刊物，命名為『拾穗』……」[7] 令人惋惜的是，賓廠長還來不及目睹刊物成長，即於創刊後幾天因公殉職。

創刊號封面由賓廠長描摹米勒名畫〈拾穗〉，並請吳稚暉（敬恆）為刊頭題字。〈拾穗〉描繪三位農婦低頭拾取麥穗，遠處尚有整車金黃色麥子，畫面充滿田園之美。賓廠長雖謙虛認為翻譯文章僅能聊充「太倉」中的一粟，但小麥為西方人主食，刊名「拾穗」，或亦寓有能成為讀者重要精神食糧之意。

1950 年代是思想管制年代，當時雖不乏文藝雜誌，但多為官方或軍方所創，內容充滿反共戰鬥思維。甫創刊的《拾穗》，其小說、新詩及藝術等譯介，正好填補彼時藝文空間，成為許多人追求知識重要管道。《拾穗》因對知識傳播及文學園地提供，影響深遠，有人將之喻為是蒼白年代的一個文化窗口。後人論述百年來臺灣文學雜誌時，《拾穗》理所當然列名其中。

線條剛硬的煉油廠，能編出受人歡迎的軟性刊物，不僅難能可貴，更令人倍覺珍惜。尤其刊物發行初期，還是由高廠印刷工場承印，而當初編輯、排版、印刷、裝訂的建築物現仍存在，可堪是高廠最具文化意義的建築空間。

十、小結

賓廠長任職期間（1946-1950），臺灣剛脫離戰爭，在社會紛亂及經濟困頓下，尚待重建新秩序，此時又逢國府遷臺，促使情勢更為複雜。日本設六燃廠，有其軍事及政治需求，而高廠發展的各個階段，亦緊扣社會脈動。本文所述賓果事蹟，正可呼應1950年代前後的臺灣社會狀況。這些與賓廠長相關事物，不管是否為你我所熟知，在其短暫的高廠歲月中，是應被形諸為文。

本文動機無他，心想，值此高廠面臨鉅大轉變，所有與高廠發展相關事物，正被熱切討論之際，乃不堪寂寞，提筆為文，湊湊熱鬧。如蒙賞讀，對我來講亦算意外收穫。在此也想回應一下篇名——「獨留青塚向黃昏」，一嘆賓廠長埋骨異鄉，壯志未酬，而「獨留青塚」於屏山。再以「黃昏」為喻，形容立於半屏山下逾七十載的高廠，正似「夕陽無限好，只是近黃昏」。未知這有否幾分貼切？

屏山原為質夫先生發揮長才之所，未料卻成長眠之地。今先生墓木已拱，高廠亦已熄燈，面對未來，這塊土地自將呈現另種風貌。只是此番改變，對為廠犧牲的賓廠長而言，除感嘆造化弄人外，又豈一句「獨留青塚向黃昏」可以道盡？！

本文曾刊於《石油通訊》第 815 期，2022 年出版前改寫 [8]

註｜

1. 有關賓廠長和俞主任不幸殉職一事，依《縱橫臺灣石油工業半世紀——胡新南先生訪談錄》及《中油人回憶文集（一）》中，胡新南所撰〈我的油人生涯〉，均記載兩人發生事故時間為 1950 年 5 月 4 日下午。俞主任遺孀俞王琇女士在其著作《半屏山下》書中敘述，她被通知先生發生意外，為 5 月 5 日下午（其他油人的悼念文字，亦記為該日）。另，刊於《石油通訊》第 105 期，由金開英先生執筆的〈憶賓果俞慶仁兩先生〉一文述及，賓、俞兩人送醫後，延至 5 月 6 日清晨先後不治。中油公司所立紀念碑文及高廠廠史，則以（事件發生的）1950 年 5 月 5 日為兩人殉職日。至於日期有異，或因胡新南先生接受訪談及撰文時，已事隔多年，回憶有所出入之故。程玉鳳訪問整理、張美鈺紀錄，《縱橫臺灣石油工業半世紀——胡新南先生訪談錄》（臺北：國史館，2005）；中油人回憶文集編輯委員會，《中油人回憶文集（一）》（臺北：中華民國石油事業退休人員協會，2004）。
2. 國史館，《縱橫臺灣石油工業半世紀——胡新南先生訪談錄》，頁 66-67。
3. 俞王琇，《半屏山下》（臺北：長青文化，2002），頁 43。
4. 二二八事件發生後，高雄因有港口、煉油廠、軍事要塞等，成為政府必先穩定之地。在火車站、高雄中學、市政府等地，因軍隊鎮壓，傷亡慘重之際，混亂情勢也波及了高廠。事件發生時，高廠曾組自衛「義勇隊」，維護秩序並保護廠內外省同仁安全，後來卻成軍方鎮壓目標。當時高雄要塞司令部派兵包圍高廠，造成人員傷亡及多人被捕。按：軍方於 3 月 7 日控制左營市區，8 日包圍煉油廠，至 14 日為止，共有周石等 10 餘人被捕，王天炳、林漏尾、楊得龍三人死亡。亡者屍體由賓果廠長率員工黃振燦等人，於宏南宿舍南側陸戰隊旁水溝發現。周石，為 1946 年日籍人員遣返後，高廠於報紙刊登徵人啟事所錄取之職員，義勇自衛隊隊長。
5. 此說見何明修《支離破碎的團結：戰後台灣煉油廠與糖廠的勞工》，賓廠長指控：「暴徒四百餘名，暗與本廠工人連絡，裡應外合意圖劫持，幸為海軍擊退。」何明修，《支離破碎的團結：戰後台灣煉油廠與糖廠的勞工》（臺北：左岸，2016）
6. 日治時期高廠即存有階級問題，兩宿舍區分配，一為日本專業軍官（宏南），另一為臺籍等技職人員（後勁），即為顯例。此種體例戰後沿襲，基本上為管理階層的外省職員多住宏南，大部分省籍工員則分配後勁宿舍。無可諱言，早期廠裡的（外省）職員確實享有較多資源，此種省籍、身分雙重落差，也形成一些有趣現象。如一般會稱宏南為「職員仔宿舍」（臺語語調，有輕蔑、調侃意味），兩宿舍區子女因同念子弟學校，功課上也常較勁，做工的（工員，操作現場）絕不能輸給拿筆的（職員，辦公廳），頗有輸人不輸陣味道。最經典的是，1988 年陳國勇升任（首位本省籍）總廠長，當時操作現場洋溢歡樂氣氛，彼此議論紛紛，似乎一夕之間本省人已經出頭天。當年廠裡員工受省籍壓抑之深刻，由此可以想見。如今隨著時空環境改變，省籍問題也已逐漸淡化。
7. 〈發刊辭〉，《拾穗》，創刊號，頁 1。
8. 本文亦參考《高雄煉油廠廠史》第一集、《高雄煉油廠廠訊》第 811 期、《高雄煉油廠廠訊》第 1104 期、《續修高雄市志　卷八・社會志》二二八事件篇、許鴻彬撰寫之口述訪談紀錄、《廠史文粹》（第一集）（高雄：高雄煉油廠，1979）等。

附錄／高雄煉油廠歷任廠長簡表

時期	姓名	任職起訖年月	簡歷	重要紀事摘要
日治時期	別府良三中將	1942.10 ~ 1944.06	日本三重縣人，1892 年生，日本海軍機關學校畢業，曾任燃料廠研究部部員、製油部部長，1941 年任四日市第二海軍燃料廠廠長，1942 年任臺燃建設委員長，1943 年晉升海軍中將，1944 年 4 月任第六海軍燃料廠廠長，為日治時期首任廠長。 * 1944 年 8 月調預備役。	• 1942 年 10 月，任別府良三專任臺灣海軍燃料廠建設委員會委員長。設燃料廠高雄建設事務所於左營。 • 1944 年 3 月，第一蒸餾工場完工；4 月，臺灣海軍燃料廠正式定名為「第六海軍燃料廠」；5 月，接受第一船原油，試俥。
日治時期	福地英男少將	1944.06 ~ 1945.04	佐賀縣人，生於 1893 年，日本海軍機關學校畢業，1942 年晉升少將，1944 年 6 月任六燃第二任廠長。 * 1945 年 4 月調廣島監察官。	• 1944 年 9 月第二蒸餾工場完工，準備建造第三蒸餾裝置。 • 1945 年 1 月接觸分解工場完工；2 月，高雄警備府移往臺北，六燃本部移至新竹。
日治時期	小林淳少將	1945.04 ~ 國民政府接收	群馬縣人，生於 1894 年，日本海軍機關學校畢業。曾任燃料廠製油部部員、第三燃料廠總務部長，1939 年升海軍大佐，1941 年調第二燃料廠精製部長。1944 年調第六燃料廠化成部長兼整備部長，同年晉升少將。1945 年兼合成部長，再兼總務部長，同年升任廠長。 * 為日治時期的末代廠長。	• 1945 年 4 月真空蒸餾裝置完工；5 月，接觸分解裝置完成試爐；6 月，因戰爭緣故將工作機械、氧氣製造等裝置移至半屏山洞窟。 • 1945 年 8 月 15 日日本天皇宣布無條件投降，終戰。
民國時期	沈覲泰	1946.02 ~ 1946.05.31	福建閩侯人，1911 年生於江蘇鎮江。1934 年廈門大學化學系畢業，1937 年赴英留學獲石油化學碩士，1939 年回國任經濟部資源委員會動力	• 1946 年 2 月開始接收六燃高雄廠設備、資產；4 月，廠內最後一批日籍人員返國。

時期	姓名	任職起訖年月	簡歷	重要紀事摘要
			油料廠工程師，1941 年任甘肅省酒精廠廠長。 1946 年奉命參與接收六燃高雄廠並任廠長，6 月改任上海中油總公司員工管理室主任。 * 1947 年 5 月調任高廠所屬嘉義溶劑廠（首任）廠長。1950 年 3 月升任公司協理仍兼溶劑廠廠長，1953 年專任協理。其後調任中油公司所屬之經濟部聯合工業研究所所長。1962 年出任行政院美援會第一處處長。	
民國時期	胡新南（代）	1946.06.01 ~ 1946.07.31	見下頁胡新南欄。 * 發布賓果接任廠長時，因人尚在美國，由胡新南暫代廠長。	
民國時期	賓果	1946.08.01 ~ 1950.05.05	1910 年生，湖南湘潭人，清華大學化學系畢業，1937 年留學美國，獲化工博士學位，並於美國石油公司工作。1946 年 8 月返國任高雄煉油廠廠長，為中油公司成立後高雄煉油廠首任廠長，1949 年升任協理仍兼廠長。1950 年 5 月 5 日因研發 80 號汽油，不幸因爆炸與俞慶仁主任雙雙殉職。 * 其任內創辦《拾穗》雜誌，並成立子弟學校（今高雄市立油廠國民小學）。	• 1947 年 2 月，接收後首次輸入的國外原油，由英藉油輪 British Industry 號自伊朗運抵高雄；3 月，二二八事件波及高廠，造成員工 3 人死亡，多人被捕；4 月，修復日人所遺日煉 6 千桶的第二蒸餾工場。 • 1948 年 3 月，修復第一蒸餾工場；12 月，完成真空蒸餾工場改建，日煉重油 1 千桶， 較日人原設計量約增一倍。 • 1949 年 4 月，日人所遺熱裂工場修復完畢。
民國時期	張明哲	1950.06.01 ~ 1954.10.31	1914 年生於北平，清華大學畢業，1936 年公費留美，獲麻省理工學院碩士學位。	• 1950 年 6 月故賓果廠長與俞慶仁主任，獲總統褒揚令。

時期	姓名	任職起訖年月	簡歷	重要紀事摘要
			1940年回國，任重慶桐油煉油廠廠長，後曾在西南聯大短期執教。1946年，任公司新竹研究所副所長、所長。1950年任高廠廠長，1954年升任公司協理。 * 1960-1968年任教臺大，後任科學教育館館長；1975年任清華大學校長；1982年接掌行政院國科會主任委員。	• 1951年3月，因試爐（1950）損壞之熱裂工場重油裂解爐修建完竣，自行試爐。 • 1952年熱裂工場完成試爐，產出80號汽油及1號噴射機燃油；9月，資源委員會奉令撤銷，公司改隸經濟部，仍稱中國石油有限公司。 • 1953年10月，金開英總經理奉派赴美，籌劃高雄煉油廠更新設備案。 • 1954年6月，自行設計興建，日煉1萬桶的第三蒸餾工場完工。
民國時期	胡新南	1954.11.01 ~ 1961.08.31	江蘇無錫人，1914年生於上海，大同大學畢業，1937年獲美國密西根大學化工碩士，續轉往奧克拉荷馬大學研讀，獲煉油工程碩士。1940年入甘肅油礦局籌備處任副工程師。 1946年，奉命至臺灣參與油廠重建。曾任工程師兼總務組長，1948年升任副廠長，1954年升任廠長，1959年升任協理仍兼廠長，1961年升任總經理。 * 1961-1976任總經理，1976-1982任董事長。	• 1955年11月，第三蒸餾工場正式生產。 • 1956年12月，觸媒裂煉工場完成試爐，260餘呎高之主架成為煉油廠明顯標誌。 • 1957年8月，員工子弟學校奉准設立中學部（國光中學）。 • 1959年5月，完成硫酸工場及硫磺回收設備；6月，烷化工場正式產製航空汽油。 • 1961年3月，第一、第二加氫脫硫工場試爐完成。
民國時期	董世芬	1961.09.01 ~ 1972.10.31	廣東省廣州市人，1917年生，1939年廣東中山大學化工系畢業。1940年任航空委員會航空研究所副研究員，後投身資源委員會動力油料廠從事研究。翌年，任甘肅	• 1962年2月，開始施行職位分類；5月，潤滑油摻混設備完成；9月，《廠訊》半月刊創刊；11月，中山堂前球形水塔竣工；12月，第二觸媒重組工場完成試爐。

時期	姓名	任職起訖年月	簡歷	重要紀事摘要
			油礦局技術員、副工程師。1945 年赴美，翌年回國，任中油公司工程師。1948 年任高廠煉務組長，1955 年升任副廠長。1961 年任中油公司協理兼高廠廠長，1972 年奉調中化公司總經理。	• 1963 年 3 月，輕油回收工場試爐。 • 1964 年 2 月，第三蒸餾工場擴建完成，全廠日煉量增為 4.7 萬桶。 • 1965 年 8 月，中國海灣油品公司（中海）在高廠興建之潤滑油工場試爐成功。 • 1966 年 10 月，第三加氫脫硫設備興建完成。 • 1968 年 4 月，第一輕油裂解工場（一輕）試爐，生產乙烯等基本原料，臺灣進入石化業時代；6 月，總統蔣中正蒞廠巡視；11 月，第五蒸餾工場完成試爐，高廠總煉量增為 11.7 萬桶。 • 1971 年 12 月，第六蒸餾工場完成試爐，為高廠首座日煉 10 萬桶之大型蒸餾工場。 • 1972 年 10 月，第四加氫脫硫工場正式生產；第二蒸餾工場拆除。
民國時期	李達海	1972.11.01 ~ 1976.06.21	遼寧省海城縣人，1919 年生，西南聯大化學系畢業。曾於甘肅油礦局工作，戰後隨金開英來臺灣接收六燃。1946 年進高廠後歷任工程師、工程組長，1961 年升任主任工程師，1966 年任技術副廠長，1972 年 11 月升任廠長，1973 年升任協理仍兼廠長。 * 1976 年升任公司總經理，1982 年任董事長。1985 年接經濟部長。	• 1973 年 10 月，第一次石油危機。 • 1974 年 7 月，第八蒸餾工場開工。 • 1975 年，總統嚴家淦蒞廠；8 月，第二輕油裂解工場試爐；年底，第一蒸餾工場拆除。 • 1976 年 1 月，成立高雄煉油廠大林蒲分廠；2 月，原油煉量超過 4 萬公秉，創歷年紀錄。

時期	姓名	任職起訖年月	簡歷	重要紀事摘要
民國時期	李熊標	1976.06.22 ~ 1982.12.31	浙江省鄞縣人，1945 年畢業於浙江大學化工系。 戰後來臺灣，參與接收日本在臺灣煉油設施。後任職高廠，歷任值班工程師、工程組長，1970 年任主任工程師，1973 年升任技術副廠長，1976 年升任廠長，高廠改制為總廠後任首位總廠長。	• 1976 年 7 月，高廠改制為「高雄煉油總廠」；9 月，原油煉量超過 5 萬公秉，再創紀錄。 • 1977 年 3 月，第三真空蒸餾工場試爐完成；7 月，賽洛瑪颱風來襲，電力供應中斷，各工場停爐。 • 1979 年，總統蔣經國蒞廠視察。 • 1980 年 3 月，第二潤滑油工場完成；7 月，第一真空柴油加氫脫硫工場試爐；12 月，第四真空蒸餾工場正式生產。 • 1981 年 3 月，第五真空蒸餾工場完成；12 月，石油焦工場生產高硫焦，供應台泥。 • 1982 年 7 月，第二媒裂工場完成試爐。
民國時期	陳繩祖	1983.01.01 ~ 1987.06.30	江蘇省江陰縣人，成功大學化工系畢業。 1956 年進廠，歷任工程師、工場長、組長等職，1983 年升任（總）廠長。 * 1987-1988 任副總經理。	• 1983 年 5 月，第二真空柴油加氫脫硫工場試爐完成。 • 1984 年 8 月，殘渣油氣化工場試爐完成，產品合格。10 月，第二烷化工場試爐完成。 • 1985 年，第一烷化、第一媒裂工場奉准報廢。 • 1986 年 2 月，第五硫磺工場裝建完成。 • 1987 年 2 月，高總廠輕油裂解更新計畫五輕工場工程設計、主要器材供應及國外器材採購決標；6 月，大林蒲分廠改稱大林廠。

時期	姓名	任職起訖年月	簡歷	重要紀事摘要
民國時期	陳國勇	1987.07.01 ～ 1988.07.31	高雄縣人，臺北工專化工科畢業。 1956 年進廠，歷任值班工程師、工場長、主任、副廠長等職，1988 年升任（總）廠長。 * 首位本省籍廠長，1988-1992 任副總經理，1996 升任總經理。	• 1987 年 7 月，反五輕民眾圍堵高總廠西門；9 月，高總廠油罐火車與縱貫線北上火車相撞，造成人員傷亡。
民國時期	裴伯渝	1988.08.01 ～ 1992.07.06	松江省阿城縣人，1939 年生，成功大學化工系畢業。 1961 年進廠任實習員，歷任工程師、工場長、組長、副廠長等職，1988 年升任（總）廠長。 1995 年 3 月 1 日至 1996 年 9 月 30 日，以副總經理身分兼任高（總）廠廠長。 * 1992-1997 任副總經理。	• 1988 年 8 月，五輕環境影響評估完成，列汙染改善為設場前提。 • 1990 年 9 月，行政院長郝柏村夜宿後勁。經濟部部長蕭萬長宣布五輕動工，由國營會副主委張子源、中油公司總經理關永實及總廠長共同主持動土儀式。中油與政府承諾撥 15 億回饋金及 25 年後遷廠；11 月，被圍三年之久的高總廠西門重新開啟。 • 1991 年 10 月，高總廠鐵路運輸停止營運。
民國時期	李慶榮	1992.07.07 ～ 1995.02.28	屏東縣人，1937 年生，成功大學化工系畢業。 1962 年進廠任實習員，歷任值班工程師、工場長、組長、副廠長等職，1992 年升任（總）廠長。 * 1995-1998 任副總經理。	• 1992 年 7 月，暴雨導致後勁溪水上漲，水中含油味及油花，養殖戶及農民向高總廠請求賠償。 • 1993 年 10 月，五輕工程裝建完成。 • 1994 年 2 月，五輕工場試爐，僅歷 17 小時即產出合格乙烯，創下世界輕油裂解試爐最短時間紀錄；5 月，第二輕油裂解（二輕）關場，人員支援大林廠；7 月，管總及技術部門裁撤課級組織。

時期	姓名	任職起訖年月	簡歷	重要紀事摘要
民國時期	裴伯渝(兼任)	1995.03.01 ~ 1996.09.30	兼任高雄煉油廠(總)廠長。	• 1995年4月，通過ISO 9000認證（含大林、林園）。 • 1996年1月，環保署五輕監督委員會至場實地查證，均符承諾值，委員會解散，監督權移高雄市政府環保局；8月，油雨事件波及宿舍區及民宅。
民國時期	陳寶郎	1996.10.01 ~ 1997.09.16	臺南縣人，1943年生，成功大學化工系畢業。 1967年進廠任實習員，歷任值班工程師、工場長、組長、副廠長等職，1996年升任（總）廠長。 * 2000-2004任副總經理，後升任總經理；2006年9月代理董事長。	• 1996年10月，高總廠調整為「高雄煉油廠」、「大林煉油廠」、「林園石化廠」三獨立一級單位。高廠石化、油料及修造三廠，更名石化生產處、油料生產處及修造處。 • 1997年1月，通過ISO 14001認證；9月，高廠通往前鎮儲運所LPG管線，配合鎮興橋拓寬進行管線遷移施工，因殘留油氣外洩，引發氣爆，造成3人死亡多人受傷，房屋及汽、機車毀損。
民國時期	謝賜華	1997.11.01 ~ 2000.08.31	彰化縣人，1937年生，東海大學化工系畢業。 1963年進廠，歷任化學工程師、工場長、組長、副廠長等職，1997年升任廠長。	• 1998年2月，國光中學及油廠國小直屬廠長室；12月，公有宿舍自救會至北門抗議。
民國時期	黃清吉	2000.09.01 ~ 2001.10.31	嘉義縣人，1941年生，成功大學化工系畢業。 1965年進廠，歷任工程師、工場長、組長、主任、副廠長等職，2000年升任廠長。 * 曾任大林煉油廠廠長、煉製事業部副執行長、執行長。	• 2000年9月，總統陳水扁巡視高廠；10月，煉製事業部成立，下轄高雄、大林及桃園三煉油廠，執行長由副總經理謝榮輝暫兼；考勤刷卡系統實施；12月，獲節約能源優等獎。

時期	姓名	任職起訖年月	簡歷	重要紀事摘要
民國時期	劉潤渝	2001.11.01 ~ 2002.09.25	河北省唐山市人，1943年生，美國伊利諾州立大學環境工程碩士。 1969年進廠，歷任化學工程師、課長、組長、主任、副廠長等職，2001年升任廠長。 * 曾任大林煉油廠副廠長、溶劑事業部執行長。	• 2001年11月，通過標檢局2000版ISO 9001驗證。 • 2002年，2月及4月，派駐保警同仁撤離，調整由保全事業部南區組負責門禁安全。
民國時期	吳文騰	2002.09.25 ~ 2005.01.31	彰化縣人，1945年生，美國阿拉巴馬州立奧本大學化工所碩士。 1969年進廠，歷任化學工程師、工場長、組長、副廠長等職，2002年9月代理廠長，2003年升任廠長。 * 曾任煉製事業部副執行長、執行長，公司副總經理。	• 2003年7月，後勁民眾至經濟部、環保署陳情，吳廠長與公關人員北上協助處理；11月，獲高雄市固定污染源連續自動監測設施連線推廣計畫績優獎。 • 2004年2月，通過經濟部標檢局OHSAS 18001職業安全衛生管理系統驗證。 • 2005年1月，總統陳水扁陪同查德總統德比參訪。
民國時期	黃正雄	2005.03.01 ~ 2008.01.15	臺南縣人，1943年生，臺灣大學化工研究所畢業。 1970年進廠，歷任化學工程師、課長、組長、副主任、主任、副廠長等職，2005年升任廠長。	• 2005年6月，副總統呂秀蓮蒞廠。 • 2006年1月，第五蒸餾、第四加氫脫硫等政策性關場；9月，前總統李登輝蒞廠，董事長潘文炎、總經理陳寶郎等到場迎接；11月，於第二輕油裂解工場現址，舉辦功成身退拆卸紀念活動。 • 2007年10月，東區煉製媒組工場裁撤。 • 2008年1月，第二真空製氣油脫硫工場氣爆，市議會、經濟部及本公司董事長、總經理等各級長官蒞廠指示檢討及善後。

時期	姓名	任職起訖年月	簡歷	重要紀事摘要
民國時期	陳水波	2008.01.16 ~ 2010.06.30	1950年生，文化大學化工系畢業。 1974年進廠，歷任工程師、工場長、組長、祕書等職，2005年任副廠長，2008年升任廠長。 ＊曾任煉製事業部副執行長、石化事業部執行長。	• 2008年9月，為提振及重塑工安紀律，成立工安紀律糾察隊；11月，通過經濟部標檢局臺灣職業安全衛生管理系統（TOSHMS）驗證。
民國時期	李順欽	2010.07.16 ~ 2013.09.30	臺南市人，中央大學化工系畢業。 1980年進廠，歷任值班工程師、工場長、五輕組經理，煉製事業部經營績效室主任，高廠煉製副廠長等職，2010年升任廠長。 ＊曾任煉製事業部執行長、總公司副總經理室督導、副總經理、總經理；2022年任中油公司董事長。	• 2010年9月，第二媒裂、第二石油焦、第二真空製氣油、第七蒸餾、第三真空蒸餾、製焦汽油加氫處理等工場政策性停爐。 • 2011年11月，環保署指控高廠偷排廢汙水至後勁溪，嚴重影響公司形象，公司發稿澄清。 • 2012年4月，五輕丁二烯工場火警，裂解、氣體處理、丁二烯等工場緊急停爐；9月，第一VGO工場停工，設備氮封，釋出人力。 • 2013年7月，第二低硫燃油工場發生硫化氫中毒事件，4位同仁送醫急救（李俊德工場長至8/24不治）；高雄市勞檢處下令停工。
民國時期	吳義芳	2013.10.01 ~ 2014.02.15	高雄縣人，高雄應用科大經營管理所畢業。 1980年進廠，歷任工程師、工場長、組長、經理、副廠長（大林廠）、天然氣事業部臺中液化天然氣廠廠長，2013年任廠長。 ＊曾任大林煉油廠廠長、石化事業部副執行長、執行長。	• 2013年10月，召開第二期六座停工工場標售會議；12月，公視「紀錄觀點」節目蒞廠拍攝高廠土壤及地下水整治工程。

時期	姓名	任職起訖年月	簡歷	重要紀事摘要
民國時期	許如凱	2014.02.16 ~ 2017.02.28	淡江大學化工系、屏東技術學院環境工程所碩士畢業。1979 年進廠，歷任化學工程師、工場長、工關組經理、副廠長等職，2014 年 2 月升任廠長。	• 2014 年 4 月，五輕緊急停爐，因乙烯生產過剩，決定提早大修，7 月完成，列為備用。陳總經理綠蔚蒞廠，與五輕組同仁面對面溝通公司未來發展、員工照顧、人員移轉及安置等；8 月，因應高廠關廠，儲運組鳥材林及觀音儲運課移轉大林廠。 • 2015 年 11 月，僅剩的六座操作工場停產，高廠熄燈，逾半世紀的煉油工業，正式退出半屏山。 • 2016 年 11 月，行政院所屬機關「文化性資產調查小組」至廠現勘，作成重新評估高雄煉油廠文化資產價值、中油公司儘速提報廠區保存及再利用規劃等決議。 • 2017 年 1 月，因應總公司可能南遷，高廠辦公室由總辦公廳遷至原修護大樓。
民國時期	翁乾隆	2017.03.20 ~ 2019.02.28	中原大學化工系畢業。 1980 年 3 月進廠，歷任第二真空柴油、石油焦、第二低硫、低硫燃油等工場化學工程師，分餾工場、低硫燃油工場工場長，西區煉製組經理，高雄煉油廠副廠長等職，2017 年 3 月 20 日升任廠長。	• 各工場按公司既定政策執行拆除作業。 • 2017 年 5 月，中原大學黃俊銘副教授與日本產業遺產保存專家來廠進行石油產業遺產交流；來訪學者對高廠均留下深刻印象。 • 2018 年，文化部委託中冶公司進行高廠文化資產調查；6 月，史瓦帝尼王國，恩史瓦帝三世國王、王妃來訪。

時期	姓名	任職起訖年月	簡歷	重要紀事摘要
民國時期	辛繼勤	2019.03.01 ~ 2019.04.30	山東省金鄉縣人，中央大學化學工程碩士畢業。 1986 年 01 月 16 日進公司，歷任高雄煉油總廠技術室方法工程課化學工程師，技術服務課、大林廠技術組化學工程師，大林廠技術服務課課長，大林廠技術組經理，煉製事業部企劃室主任，煉製事業部副執行長，2019 年 3 月 1 日兼任廠長（5 月 1 日免兼）。 * 2022 年升任煉製事業部執行長。	• 持續執行工場拆除、土壤整治及文化資產盤點。
民國時期	楊進國	2019.05.01 ~	臺南人，1965 年生，成功大學環工所、高雄大學 EMBA 畢業。 1989 年 12 月 11 日進公司，歷任化學工程師、工場長、經理、代理副廠長等職。 2019 年 5 月代理廠長，同年 10 月 16 日升任廠長。	• 2020 年 6 月，高雄市政府文化局完成高廠文化資產指定，廠區計 1 處古蹟，40 處歷史建築。 • 2021 年，五輕工場拆除；台積電確定進駐。 • 2022 年 8 月，楠梓園區動土。
本表所列歷任廠長，日治時期 3 位，接收時期 1 位，中油公司成立後至今（2022）23 位，不含代理，計 27 位。				

顛沛人生・堅毅身影
記高廠的兩幅浮雕

一、1960 年代前後的高雄煉油廠

高雄煉油廠前身為日本第六海軍燃料廠高雄廠，日本戰敗後，由「經濟部臺灣區特派員辦公處石油事業接管委員會」派員接收。1946 年 6 月 1 日中國石油（中油）有限公司成立後，納入中油公司體系，正式定名高雄煉油廠。

戰後，高雄煉油廠在被戰爭破壞之殘缺設備中，積極復建。歷經港口輸油設施成立、煉油設備接收與修復、更新與擴建及石化基本原料生產等階段。先後完成高廠至苓雅寮長途油管及碼頭油槽等輸油設備，修復日治時期第一蒸餾、第二蒸餾及熱裂裝置等工場。後又陸續裝建蒸餾、媒組、加氫脫硫及真空蒸餾、媒裂、烷化、硫磺、硫酸與柏油、潤滑油、石油焦等工場。

1968 年，高廠興建第一座輕油裂解工場（一輕），更使臺灣進入石化業時代。1960、70 年代的高廠，已建設成一座涵蓋各種輕、重質油品及石化原料的石油煉製廠。

二、技術大樓的浮雕

位於高雄煉油廠內，現為中油公司綠能科技研究所辦公室的技術大樓，進門左側壁上，嵌有兩幅浮雕銅像。雕像眼光炯炯有神，其上並鑲有董世芬所撰，唐愓良、趙榮澄分別書寫，敘述人物簡歷的銘文。

兩浮雕風格及表現手法一致，判斷應為同一人所創之同期作品，其中一幅刻有似為創作年分的「53」字樣。[1]

技術大樓為高廠化驗室所在，也是中油公司成立後，首任高廠廠長賓果及化驗室主任俞慶仁殉職處。因此，浮雕也常被認為係為紀念賓、俞兩人，但閱讀銘文，實則為賈席琛與張正炫。

塑像，多為紀念或表彰有特殊勛勞之人，在戰後高廠發展的幾十年當中，對廠裡有重大貢獻或因公殉職者眾，未曾聽聞廠方有以浮雕方式紀念或表彰者，賈、張二君如此待遇，可謂絕無僅有。這或許是當時的董世芬廠長惜才，對與其有革命情感的賈、張離世，深感不捨，方替他們雕像、撰文，銘文中也

1. 高雄煉油廠技術大樓　2. 「53」似為創作年分　1 | 2

透露出兩人的竭盡心力、戮力從公。由董廠長字裡行間充滿感情的文字，更可看出賈、張兩人在董的心目中，應是值得撰文緬懷的好部屬與好同事。

賈、張二君為積勞成疾於任中辭世，而非因公殉職，這除兩人銘文隱約傳達這樣的訊息外，由中油公司印行的紀念專書中亦可得到證實。[2]

三、張正炫工程師

張正炫任職高廠僅十五年，據與其相知的同仁所述，其為人生活簡樸，淡泊名利，性格剛烈，思慮沉著，一絲不苟。由銘文上「張正炫兄活了不到四十年」及「他只是平淡冲樸，一分一秒，一點一滴地站在自己的崗位上」等文字，更可知張君是一位在工作上踏實認真的好伙伴，以不到40的年紀走完人生，無法繼續追求他理想中的真善美生活。

張正炫，金陵人，金陵大學化工系畢業。之後，由已考取中油公司甲種工程實習員，派任高廠的同學楊增榮等人，向當時的賓果廠長推荐，於1948年11月入廠服務。初分發化驗室工作，甚得俞慶仁主任器重。後調潤滑油工場，擔任柏油、潤滑油煉製操作。

1955年，張君調工程組，趙榮澄在〈我為什麼離開高雄煉油廠〉文中，有如下敘述：

> 民國四十四年左右，（高雄）煉油廠為了適應新的需要，成立工程組。由李達海先生任組長，胡燮和先生任設計課長，其中調來四名同事，除我外有李熊標兄、胡肄鍵兄、與張正炫兄。任專案工程師，負責工廠新專案工程，直屬李達海先生。[3]

1953 年起，政府推動四年經建計畫，此時社會漸趨安定，為滿足社會對油品的質量需求，高廠展開煉製設備全面更新與擴充計畫。1955 年前後，正值設備全面更新階段，亦即趙文中所謂「新的需要」。強調自給自足的高廠，也調任煉製、工程及修護等各路好手，參與新建工程。

張君於 1955 年起至 1961 年，先後奉派擔任觸媒裂解、烷化、加氫脫硫、第二重組等工場專案工程師，甚至還設計現已被列為歷史建築的退火爐（見本書第二章中〈萬般風情的附屬設施〉）。其優異的專業能力，不但得到各級長官信任，亦為外籍技師所肯定。

《石油一生：李達海回憶錄》一書提到，1956 年高廠興建第一套觸媒裂解工場時，廠方為加強雙方合作，派張正炫與李達海至負責設計施工的美國富樂工程公司（Flour Engineering Co.）進行交流。更加證明張君具備足堪重任的專業能力，只可惜英年早逝。

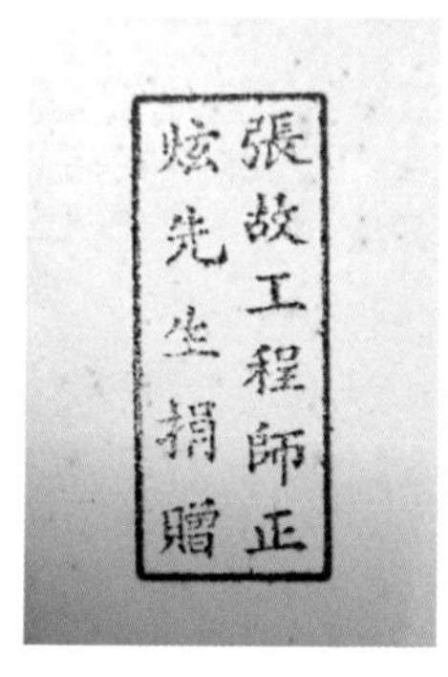

1 | 2

1. 張正炫浮雕像
2. 張正炫捐贈圖書章

隻身來臺的張正炫，常年粗衣布鞋。奉派出國時，還曾以不穿西裝、不穿皮鞋，多次向長官婉拒，後方勉強答應。常著布鞋，除張君自奉甚儉外，由於該鞋為當年離家時，母親親手縫製。離鄉背井的他，每日布鞋相伴，具有思親、思鄉的撫慰作用，也印證其事親至孝。

平日喜愛閱讀的他，涉獵廣泛，及於理工與史地，逝後由其好友將藏書捐贈給廠裡圖書室，嘉惠後進。這些溫暖的生活小故事，也屢為與其相知者所轉述。

四、賈席琛組長

至於賈席琛，銘文開頭：

> 賈席琛兄的一生，就是中國石油工業的縮影，從老君廟，錦西至高雄，自原始甑爐，以至現代的媒劑設備，由值班操作，維護保養以至工程設計，這期間的每個崗位，每一份工作，都揉合著席琛兄的血與汗！

以上內容不到百字，描述賈君從玉門老君廟、錦西煉油廠到高雄煉油廠，[4] 從煉製、工務到修護等，參與石油工業的重要經歷與專業。

賈席琛，遼寧省撫順人，與曾任高廠廠長的李達海素有淵源，兩人為西南聯大化學系同學，1941 年畢業後，一同任職蘭州製藥廠。報到後兩人被分發至製藥部門，當時廠房雖已建好，但設備短缺，只能以土法熬製甘草膏、當歸膏之類成藥，維持生產。為生產精品藥，李、賈試製過錳酸鉀，因無二氧化碳發生器，他們輪流用嘴吹玻璃管供應二氧化碳，[5] 當時物力維艱，可見一斑。

賈席琛浮雕像

1942年兩人離開藥廠，轉往玉門老君廟甘肅油礦局。曾任《拾穗》雜誌編輯的馮宗道，在其回憶文章描述：

> 我於一九四三年十月底到玉門老君廟甘肅油礦局的煉廠報到之後，……三天之後便正式參加了河東煉廠的值班工作。……負責煉油部門的主管是龍顯烈，四川人，由重慶的動力油料廠調來，是金開英先生的得力部下之一，他屬下有東、西兩廠的主管；東廠是賈席琛，西廠是李達海。[6]

馮在該文也提到兩人經歷及與他們的相處經驗：

> 他們倆畢業於西南聯大化學系，曾在蘭州製藥廠任實習員，後來因同屬化工系畢業校友已到玉門煉廠工作的江齊恩介紹，而轉入甘肅油礦局。賈、李兩位都是東北人。賈為人忠厚謹慎，做事勤快負責，他個子較矮但體格結實，是足球健將。李具有東北人粗壯的個子，不喜運動。他腦筋快，記憶力強，反應敏捷。我進煉廠以後，追隨他們兩位學習，受教最多也相知甚深。[7]

1946 年李達海奉命接收六燃高雄廠。隔年，賈席琛調任錦西東北煉油廠煉務組代組長。1948 年，賈離開東北煉油廠來臺，加入高廠復建行列。先後來臺的李、賈兩人再次相聚，日後也成為高廠復建階段的戰友。

前述金開英、江齊恩及馮宗道、李達海、賈席琛等人，皆出身甘肅油礦局，李熊標、胡肄鍵、楊增榮及趙榮澄等，則為中油公司第一批在上海招考的甲種實習員。他們在日後的中油公司及高廠發展，均扮演重要角色。金開英戰後代表政府接收日本在臺煉油設備，曾任中油公司總經理。亦為接收成員的李達海，曾任高廠廠長，中油公司總經理、董事長，並於 1985 年接任經濟部長。李熊標亦為接收成員之一，曾任高廠廠長及改制後的總廠長。江、馮、賈、楊等人，在高廠復建及穩定發展階段，也都成為當時的主力幹部。[8]

1944 年大陸國民政府年度工作計畫中，資源委員會設置有大學獎學金辦法，金開英曾函有關聯合國獎學金中國石油公司保送名額，計三名，賈席琛為其一（另為虞德麟、靳叔彥）。[9] 戰後，高廠積極復建，1949 年國民政府撤退臺灣，因時局不穩，中油公司由上海遷至臺北。1950 年，賈席琛與董世芬、李達海、馮宗道等人，參與修復日治時期未完成的熱裂工場。

1953 年，高廠展開煉製設備全面更新及擴充計畫，規劃興建觸媒重組等工場，賈君在過程中亦負有重任，時任副廠長的胡新南曾回憶：

> ……第一次出國是在民國四十三年六月二日，就是為了辦理擴建工程設計新的觸媒重組工廠，我是以代表廠方的駐廠工程師（resident engineer）身分出去的。這次更新計畫設計建造工作的觸媒重組出國，我只帶賈席琛工程師一個人同去。記得行前，同仁們還在第一招待所舉行簡單的「雞尾酒會」為我們餞行……[10]

1963 年，中油公司與美國海灣石油公司合資成立「中國海灣油品股份有限公司」（China Gulf Oil Company Limited），1964年於高廠設「中海潤滑油工場」。主要設備由美國工程公司設計，附屬設備及工程建造則由「中國技術服務社」（簡稱中技社）延聘臺灣技術人員擔任。

1964 年 4 月，賈席琛以技術專業借調中技社「中海工程處」，協建中海潤滑油工場，時其身分為高廠工程組組長。以上事例，顯示了賈君被深獲重視。同年 8 月，因積勞成疾病逝，令人惋惜。故後，與張正炫皆長眠於揚水泵房半屏山墓園。

五、結語

動盪年代，造就了許多人的不一樣人生，賈、張二君的英年早逝，也讓兩人年輕時一心想成就的石油事業，成為遺憾。但就在他們離去半世紀後的 2015 年，曾經揉合了他們血與汗的高雄煉油廠，卻已走向關廠命運，等待重生。

生命會消逝，歷史會留下。高雄煉油廠因關廠衍生的文資議題，在喧騰一時後，已告一段落。最終，除曾經流傳的油人故事外，似仍聚焦於建物設施。是否還有能印證高廠歷史，卻為人們所忽略或隱藏於不同角落，等待被發現的各種事物？如本文所述的浮雕銅像。如有？這些尚待被發掘的人、事、物，所可能傳遞的故事與意涵，相信也都會是厚植高廠文化底蘊的重要元素。

銅像主角對成立已超過七十年的中油公司而言，僅為萬千員工之一二，但解讀浮雕，不只鮮活了中油人常掛嘴邊的「老君廟精神」，也見證當初那批來自甘肅油礦局，包括胡新南、董世芬等在內的油人們，是如何在戰後成為推動高廠發展主力。與這有關的一切，理所當然會是高廠的一部分，如將之放諸高雄的工業發展歷史，相信應也會有一定的位置。

浮雕所在的技術大樓及高廠內多處建築設施，經高雄市政府多次評估、審查，於 2020 年 6 月 19 日審議，通過「古蹟」、「歷史建築」之指定及登錄，理由之一為：「原日本第六海軍燃料廠（高雄煉油廠）為日本二戰時期於台灣所設立的重要戰時產業設施，其見證台灣經濟發展與社會文化演變，屬重要工業遺產場域。」[11]

隱於技術大樓內的賈、張銅像，完成至今已超過五十年，它們不但象徵戰後政權轉移，某種程度也顯現中油公司自草創以來的時代精神。浮雕創作之初或僅為單純紀念，但對被譽為臺灣石化原鄉的高廠而言，其背後實有著如董世芬在描述賈席琛時所言，從老君廟、錦西到高雄，一脈而嚴肅的傳承意義。尤其技術大樓入口處，復有蔣經國先生題字，亦被列為「歷史建築」的賓、俞紀念碑，此三者自然形成的文化氛圍，適足輝映出那段已被中油公司載入史冊的產業歷史，也可為文化主管機關的登錄理由「見證臺灣經濟發展與社會文化演變」作註腳。

浮雕上「董世芬撰 唐惕良書」字樣

技術大樓為高廠重要建築，幾十年來，在此出入者不知凡幾，但壁上浮雕卻鮮有人注意。記錄浮雕，緣於幾年前調查高廠文化資產時，發現技術大樓這兩幅顏色略暗，看起來頗具歷史感的銅像。當時也不知其為何人，復因銘文字跡模糊，一度亦認為係紀念賓、俞兩人，直到自朋友處輾轉取得文字內容，方知其為賈席琛與張正炫。

浮世如煙，塵埃落定，歷經顛沛的賈、張二君，早已離去，但雕像的堅毅神情，卻成不朽。寫成本文，除免銅像再被誤認及使觀者能略知人物春秋外，當然希望在為銅像正名之餘，亦能收磚玉之效，並期能與識者共為鷺鷥飛翔與落霞映照的高廠，[12] 留下片語隻字，此亦為本文之初衷。

撰文的董世芬為時任高廠廠長，相關介紹可見於前篇。書寫銘文的唐惕良與趙榮澄，於賈、張二君在職期間皆曾共事。1955 年起，趙榮澄與張君為工程組同事。趙於 1946 年，由時任中油公司協理的金開英及廠長賓果面試，進入高雄煉油廠，1965 年離職赴臺大任教。

為賈君書寫的唐惕良，1950 年加入由李達海主持，原隸煉務組的新部門「工作室」，參與高廠復建階段的煉製設備改善、修護、保養工作，後工作室因業務所需，易名「修護部分」。賈君於 1955-1960 年以修建組副組長身分兼修護部分主管，與唐有主管、部屬關係。唐於 1960 年出任由修護部分分出之轉動機械課課長。1968-1974 年，唐分別出任材料課代課長、課長及器材籌劃課課長等職。

本文曾刊於《高雄文獻》第 11 卷第 2 期，2022 年出版前改寫

註｜

1. 兩件作品中，「53」兩字僅見於張正炫浮雕，賈席琛浮雕則未見類似字樣。依一般創作慣例，作品完成後，作者常會於（繪畫或雕塑）作品上標註完成年月，「53」為創作年分合於表達慣例。依高雄煉油廠《廠史》，賈席琛在民國53年8月時為工程組組長。若浮雕成於民國53年（1964），因兩浮雕為同一期間所創，推測賈、張二君之一離世時間最晚應落於1964年。另依一份人事人員參考用，未標示名稱的文件，載有張、賈兩人死亡時間，張正炫為1963年8月20日因白血病離世，賈席琛則因肝硬化逝世於1964年8月9日。證諸相關悼念文章，可確定上述日期為兩人死亡時間，亦合乎「53」為浮雕之創作年分。
2. 查《四十年來之中國石油公司》一書，有關中油公司成立迄1985年因公殉職英名錄，高雄煉油廠計36位，首兩位為賓果與俞慶仁，其餘名單並未見賈席琛與張正炫（參考中國石油公司慶祝四十週年紀念專輯出版委員會，《四十年來之中國石油公司》〔臺北：中國石油公司，1986〕）。
3. 中油人回憶文集編輯委員會，《中油人回憶文集（二）》（臺北：中華民國石油事業退休人員協會，2006），頁194-195。
4. 老君廟，源於1938年資源委員會在重慶設甘肅油礦局籌備處，開發玉門第一口油井，1946年改稱中國石油公司甘青分公司，先後投入開發老君廟等六個油田，可謂中國石油工業的搖籃。日本占據中國東北期間，曾建大連、錦西等數座煉油廠及錦州合成燃料廠、四平煤氫化廠、永吉煤低溫乾餾及合成甲醇廠等。戰後中油公司接收部分設備成立東北煉油廠，總廠設於錦西，轄錦州、四平、永吉等三分廠（參考《四十年來之中國石油公司》，頁3-4）。
5. 馬鎮，〈李達海——台灣現代化煉油工業的開拓者（上）〉，《石油與裝備》。資料檢索日期：2020年7月8日。網址：https://reurl.cc/6L0dZO。
6. 馮宗道，〈為探石油出窮塞，燕支山下屢經年——玉門油礦憶往〉，析世鑒網站。資料檢索日期：2020年7月2日。網址：https://blog.boxun.com/hero/xsj7/2_8.shtml。
7. 同上註。
8. 高廠《廠史》記載，江齊恩曾任儲運處組長；馮宗道曾任苓雅寮輸油站主管、製造組副組長、組長；賈席琛曾任柏油工場主管、工程組副組長、組長及修建組副組長；楊增榮曾任工務室主任等。參考自高雄煉油總廠，《廠史》，頁48、164、211、226、304、365-366。
9. 〈資源委員會設置大學獎金辦法暨徵用德國技術人員辦法等案〉（1947），《資源委員會》，國史館臺灣文獻館，典藏號：003-010102-2364。
10. 胡新南，〈留美與返國服務石油工業〉，網址：https://blog.boxun.com/hero/2006/xsj7/5_6.shtml。
11. 2020年6月19日高雄市政府文化局審議高雄煉油廠文化資產，共指認一處古蹟，40處歷史建築，編號A03「技術大樓」為歷史建築之一。參考自高雄市政府文化局，「審議案二：『原日本第六海軍燃料廠（高雄煉油廠）』登錄歷史建築案」，〈高雄市古蹟歷史建築紀念建築及聚落建築群審議會109年度第6次會議紀錄〉（2020年7月21日公告）。
12. 關廠後，工場不再操作，少了人煙及機器運轉聲的高雄煉油廠，黃昏時常可見落霞與鷺鷥齊飛畫面，對照已漸成歷史場景的廠區，似有幾分悲涼。

附錄

賈席琛浮雕銘文內容如下：

賈席琛兄的一生，就是中國石油工業的縮影，從老君廟，錦西至高雄，自原始甑爐，以至現代的媒劑設備，由值班操作，維護保養以至工程設計，這期間的每個崗位，每一份工作，都揉合著席琛兄的血與汗！

席琛兄以一種近乎宗教熱誠的信心和毅力，從事任何交付他的工作，再用他那特有的親切平和工作態度影響他的朋友，他沉默地獻出一切，卻一無所取，直到他突然倒下來，我們才知道他的健康在長期透支中，早已斷喪，我們體會到，失去了他，我們是多麼徬徨！

在席琛兄面前，我們是渺小的，也就因為這樣，我們更應該加倍努力，彌補這份空隙。

董世芬 撰
唐惕良 書

張正炫浮雕銘文內容如下：

張正炫兄活了不到四十年，他並沒有留下轟烈的事蹟，也沒有寫下偉大的詩篇；在他短暫的生命中，他只是平淡冲樸，一分一秒，一點一滴地站在自己的崗位上，埋頭於自己的崗位上，他追求的是真善美的生活，在這方面他是成功了，他工作的目標是一個光彩燦爛的石油工業，可惜他只走了一半，便倒下來了。

我們立此浮雕，紀念這位戰友，也作為我們的誓約，正炫兄傳過來的火炬，必將在我們手中加速前進。

董世芬 撰
趙榮澄 書

（浮雕銘文感謝高雄煉油廠化驗室資深同仁謝聰明君逐字抄錄）

展讀一位臺灣少年的六燃經歷

一、話說從頭

1945年，一位年僅18歲，赴日求學的臺灣少年，因緣際會參與了日本第六海軍燃料廠接觸分解（接分）裝置試俥。五十五年之後，73歲的他寫下《台灣少年吔：阿公の故事》一書，記錄其自1941年赴日至1945年返鄉的真實故事，內容精彩、動人。

《台灣少年吔：阿公の故事》作者許安靜，雲林人，1928年9月生，1941年水林公學校畢業。本書敘述其年少時（書中名「俊江」，赴日後取名「清原俊男」），如何於公學校畢業後，經日籍恩師吉國先生引介赴日求學，先後入東京無線電技術學校、海軍技術學校。於第三海軍燃料廠甲醇工場實習期間，因表現優異，奉派參與接分裝置試俥，後又成為特攻隊員。二戰結束，因臺籍身分選擇回鄉等過程。

全書共22章，前14章敘述其在日求學與生活點滴，十五章之後，則描寫奉派參與「621」試俥及成為特攻隊員等經過（按：日本將六燃設施以數字代稱，如鍋爐為「618」，「621」則為接分裝置）。本文摘記作者試俥經歷，除因先進製程的接分裝置完成，對串連二戰結束前後之高廠煉油史，具有時代意義外，也記錄了那個戰亂年代，臺灣青年所須面對的不一樣人生。

二、六燃試俥

1944 年，由政府與民間協力裝建的六燃廠各裝置次第完成。1945 年 1 月，以輕煤油分解，增產航空汽油的接分裝置試俥，除調任六燃高雄廠現有人員，也徵集他廠人員協助。還在德山第三海軍燃料廠實習的清原君，亦在徵召之列。

清原君描繪初抵六燃所見：「……一行人列隊，踏入高雄第六海軍燃料場（廠），大門口的左右有日本海軍軍旗在飄揚，並配有武裝海兵站岡（崗），而技術軍官則著戰鬥軍服，配著指揮軍刀，英氣凜然，空氣凝結了濃濃炮藥味。」[1]

採用德國最新技術的接分裝置，是六燃重要設施，為防試俥期間遭盟軍轟炸，除四周以草木偽裝，工場亦築石牆保護，文中如此形容：「……徵召台灣人義務勞動拾萬工，搬運半屏山硓砧石砌成防火災壁壘建造而成，堅固如一座城堡。」[2] 硓砧石保護牆畫面，可由戰後中油公司出版《中國石油工業史料影集》一書中之接分裝置及高廠檔案照片等處，得到印證。有關盟軍轟炸則如下所述：「就這樣，停停開開繼續試俥，但敵機照常每日報到，不是格拉曼戰鬥機，成群結隊來襲低空掃射；就是 P38 雙胴轟炸機投彈而來。」、「……我軍則以半屏山腰高角炮應戰，炮火聲震耳欲聾，讓人猶如身在戰場。」[3] 直逼眼前的戰爭景象，讀來令人震撼。

戰爭難免傷亡，某次空襲中，清原君不幸遭炸落的管線壓傷腿部，而入住海軍共濟病院（今高廠診療所），此時距試俥成功僅約一個月。「621」除原料供應不穩、盟軍空襲外，亦多次因墊片漏油或爐管破裂引發火災，儘管如此，仍於 1945 年 5 月完成試俥。

六燃時期的第一蒸餾工場還有防彈高牆
© 中油公司煉製事業部

三、終戰回鄉

1945 年 5 月，傷癒不久的清原君，接獲召集令，向位於嘉義山區，屬高雄海軍的竹崎部隊報到。8 月，復被選入名為「炎立作戰」計畫的「火龍特攻隊」——特攻任務源於二戰末期，因美軍占有海、空優勢，加上補給線為美軍所阻，戰略物資缺乏，大型艦艇無法出海，戰事越加不利。為此，日本海軍乃設計一批可在空中、水上、水下執行特攻作戰的新武器，計劃對美艦突襲，組織如神風特攻隊、震洋隊等。

1945 年 6 月，進行約三個月的沖繩戰役結束，日軍傷亡慘重，臺灣則持續遭受盟軍空襲。同年 8 月 6 日、9 日，美軍在廣島和長崎投下原子彈。8 月 15 日，日本天皇宣布無條件投降，原祕定當日發動的火龍攻擊因而停止，自稱從鬼門關繞了一圈回來的清原君，也因特攻隊解散，由竹崎撤回高雄。

二戰結束，國民政府接收六燃廠，著手交接及遣返作業，日籍人員分批返國。為應六燃試俥所需從日本返臺的清原君，因表明臺籍身分不受遣返，續留「621」協助整理移交資料。1945 年 10 月，清原君在完成任務後離開六燃，以「俊江」之名回到故鄉——雲林．水林。

四、任職高廠

1946 年 6 月 1 日，六燃高雄廠改名高雄煉油廠，屬中油公司。積極復建階段，急需人力。清原俊男，或說是少年俊江，也以許安靜之名，和其他臺灣少年們，回到他們曾經工作過，已由六燃改名的高廠，繼續人生下一階段。

戰後，許安靜任職高廠儀器部門，也擔任多屆福利委員。曾以儀電專長奉派赴泰國挽節煉油廠任儀控技術指導員，以電子技術員身分退休後，轉任民間儀電公司，歷任工程師、課長、經理、總經理、董事長等職。著有《旅泰見聞——泰國風光》及《台灣少年吔：阿公の故事》。

五、人生課題

《台灣少年吔：阿公の故事》一書，寫出了 1940 年代前後，遭戰火洗禮的臺灣農村少年，因提早面對生活重擔，必須離鄉背井的時代悲歌，除描繪戰爭威脅，也刻劃了那一代人的生命韌性。

1986 年出版的日文版《第六海軍燃料廠史》，附有六燃在籍者名簿，許安靜被列普通科（三燃實習）表內。而普通科（二燃實習）表內，赫然發現多位筆者曾跟過的老領班名字。當初雖未曾與聞他們述說六燃遺事，但相信回憶簿裡，應也記載著與清原君相同的戰爭經驗。

走過七十幾年，昔日意氣風發的少年郎或已垂垂老矣，而伴隨他們人生另一階段的高廠，也早已褪下耀眼光環。當初帶領高廠復建的油人前輩，有著中油象徵的「老君廟精神」作為支柱，而這批同樣於紛亂歲月中成長的臺灣少年，亦處處顯露刻苦耐勞、任勞任怨的「臺灣精神」。

在實際的相處經驗中，隨時可以感受到前輩們的那份和善待人及服從負責、一絲不苟的處事態度。或許是歷經戰亂，更懂生存之道，也深知必須具備專業，才能獲得重視，故他們在教導後輩時，也總是傾囊相授，毫不保留。他們在背後所型塑的操作文化，無形中也成為高廠創造煉製佳績的一股重要力量。

每個人皆有自己的人生經歷，也都各自留下不同回憶，少年「俊江」的故事，僅為其中抽樣。回到歷史場域，從當初六燃為生產航空汽油裝建接分裝置，再到高廠因增產石化原料興建五輕工場。不論決策階層或基層同仁，不管學經歷為何，是他們共同成就了六燃與高廠的昔日風華。而如何在不一樣的脈絡中，尋找共同價值，相信應會是這一代油人的必修課題。

時光轉軸不停往前，但願火炬永遠照耀，謹向許安靜等六燃時期的臺灣少年及戰後所有曾在這塊土地努力過的人們致敬！

本文曾刊於《石油通訊》第 838 期，2022 年出版前改寫

註｜

1. 許安靜，《台灣少年吔：阿公の故事》（臺北市：法蘭克福工作室，2000），頁 124。
2. 許安靜，《台灣少年吔：阿公の故事》，頁 125。
3. 許安靜，《台灣少年吔：阿公の故事》，頁 127。

時代過渡者
林水龍前輩的年輕素描

一、緣起

2020 年 7 月底，中油公司煉製事業部在高雄市政府文化局督導下，展開高廠動力工場氣動儀器拆遷、封存作業。[1] 為還原當初儀器操作環境及工場生活點滴，先邀請退休同仁回廠，協助拍攝影像紀錄，希望藉由他們現身說法，使觀者能進一步了解工場及儀器特色。其中參與拍攝的林水龍前輩，有橫跨日治與民國的生命體驗，本文摘記其六燃及戰後初期的高廠工作與生活經歷。透過他的口述，可略窺二戰結束前後社會樣貌，亦有助拼湊高廠歷史。

二、逃避徵召

林水龍前輩於 1944 年考進六燃，那年他 17 歲，時值太平洋戰爭（1942 - 1945）後期。當時日軍因戰線綿延，對人員需求驟增，為解決兵源問題，日本政府招募和徵召臺灣人服役，即通稱之臺籍日本兵。當兵是件苦差事，戰火更直接威脅生命安全，前輩述說進廠緣由：「那個（時候）日本當兵很嚴格，很艱苦，要（想辦法）躲避當兵，你如果進來這裡工作，就可以不用進去當兵。」、「才 16、17 歲而已，考試進入。」

考進六燃既免當兵又有工作，可謂一舉兩得；不用當兵，其理由或因六燃本屬海軍之故。戰後高廠列屬國防工業，其專門技術員工，經審查核定得予（後備）緩召，兩者異曲同工。

三、鏟煤經驗

初入六燃的林水龍被分至「原動缶」[2]，擔任鏟煤工作，雖然粗重、辛苦，但因來自農村，於他並未造成太多體力負荷，他說：

> 這些都是用手動的，都用人的，都燒煤炭的，爐都是用煤炭鏟這樣子，那時候戰爭時代，那個鍋爐別地方拆來的，[3]都燒煤炭，那時候大家都非常辛苦。我出生於農村，家裡務農，所以我進來工作雖

1955 年動力工場南面油槽區，圖下半部為鍋爐所用燃煤堆置場 © 中油公司煉製事業部

> 然辛苦，但是也能夠忍受，如果是從小在都市長大的，就比較無法忍受。

關於鏟煤，除林水龍前輩，戰後進廠的張敏雄先生，亦有類似經驗：

> 民國45年我就進廠，入廠時我16歲，是臨時小工，報到之後就把我派到動力（工場）挖煤炭，要用來發電。一邊都大約10幾個人，一台煤炭車大約2、30個人，每天都要挖煤炭大約8小時，要挖很久，挖到一定要足夠供應到明天，如果不夠就要加班，一直挖到這個量出來才可以，所以那個時候在這裡做小工非常地辛苦。

1959年之後，隨著燃油及燃（石油）氣鍋爐陸續裝建，高廠已不再使用燃煤，鏟煤遂成絕響。今聆聽前輩們細說從頭，當年汗流浹背，辛苦鏟煤的畫面，似已躍然紙上。而這種挖煤者專屬的勞動記憶，應已永刻他們心頭。

四、差別待遇

戰爭期間，物資缺乏，為求生存，許多人年少即投入工作，甚至遠赴他鄉。來自農村的林水龍前輩，有幸能在六燃工作，殊屬難得，但所得應也微薄。據其所言，當時薪水也會因年紀而有不同，這或許是因鏟煤工作靠的是體力，年輕或年長，相對影響效率，故有差別待遇：

> 日本時代（每差）1歲，薪水差0.5錢，看你幾歲幾年，那時候進來的人，有結婚生子之後的人，都比我年長將近10歲，所以他們的薪水高，我年紀最輕的薪水最低。

薪水待遇、福利措施，是現代求職者在意的項目。但對當年來自農村的前輩們而言，卻是只要有工作就好，再多辛苦、再有不公也只得接受。

戰後的 1946 年，高廠改採資源委員會公布的國營事業機構人員待遇辦法，將林水龍前輩等這類技術工員，分成特級技工、技工、幫工及一等至三等工人等六類等，每類等再分三級，按等級給薪。六燃時期依年齡的給薪方式，當然也就不復存在。而高廠的人薪制度也歷經多次變革，至林水龍前輩退休時，已採單一薪俸制，由薪點折算薪水。

五、空襲來了

1944 年，作為日本海軍在海外最重要油料生產地的六燃高雄廠，正式運作，儘管此時日軍已呈劣勢，但為打贏「聖戰」，所有設備仍維持運轉。盟機空襲下，高雄廠與左營軍港同遭轟炸，導致廠房毀損、人員傷亡。聞警報聲響避防空壕，成為多數人的日常。戰爭雖已遠颺，但林水龍前輩對那段經歷的描述，卻仍生動異常：

> 空襲一來就會有警報聲響，來的時候也是繼續運轉啊，有一次 B-29 飛機丟一個 500kg 炸彈，飛到海邊飛得很高，炸彈炸下來，我們都躲在防空洞。那個 500kg 還沒有下來的時候，防空洞的風就非常地大，下來就弄得亂七八糟，防空洞沒打到，飛機飛走之後，炸彈炸完，土都翻起來，都湧出泉水。

1978 年，原六燃第一蒸餾場址挖出當年投下的巨型未爆彈 ©《高雄煉油總廠 廠史文粹 第一集》

遭盟軍轟炸，連土都翻起來，湧出泉水的六燃廠，在戰爭結束後三十幾年，還曾在廠區新建工地，挖出過去美軍投下的巨型未爆彈，[4] 當年投彈之密集，可見一斑。

六、語言差異

二戰結束，國民政府接收六燃高雄廠，改名「高雄煉油廠」。由於接收後的高廠管理階層多為外省籍，對受日本教育，習慣講臺語或日語的林水龍前輩而言，重回工作場域後首需面對的，即是如何適應語言與文化差異，他舉了一個簡單而有趣的例子：「ㄅㄆㄇ都聽不懂啊，那時候聽說『東西』這兩個字，

『東西』國語意思是什麼物品，日文的『東西』二個字，意思是東西南北的東西，『東西』怎麼會是物品，語言都搞不清楚啦。」

此番話語看似雲淡風輕，但背後實隱含著嚴肅的文化議題。這種戰後因政權轉移，所面臨的語言與文字轉換，在過渡時期的臺灣社會，其實相當普遍。因言語不通、溝通不易所帶來的困擾，想必也需下番功夫，逐步摸索，方能克服。[5]

為脫離日本殖民影響，及早融入祖國文化，當時的社會掀起一股國語學習熱潮。除民間開設補習班，部分機關、駐軍及事業單位等，亦奉命辦理免費國語講習班，高廠自不例外。前輩提及：「那時候做領班喔，因為語言不通的原因，光復後廠裡有開設夜間補校，都外省籍的老師教課。」

由於授課老師多為外省籍，要聽懂及學好國語文，對從小接受日本教育的前輩們來講，實是條崎嶇難行路。但山不轉路轉，路不轉人轉，前輩自有辦法，例如他會將要向主管報告的內容，請教小學生國語唸法，再以土法煉鋼方式硬背，隔日報告。就這樣邊做邊學，日子一久倒也慢慢適應，他說：

> 那個（國語補習班）就是煉油廠辦的，高雄工業學校老師來教的，但是我讀日本書的，工業學校的老師說北京話，教課的時候他說的話，我根本就聽不懂。我那時候當領班，要去向上司報告怎樣，多可憐，就問國小的學生，國語怎麼唸，用背的，背國語的音去報告，主管如果問你問題，用國語問我就聽不懂了，就這樣開始慢慢地做起來的。

七、時代過渡者

六燃時期進廠，高廠時期退休的林水龍前輩，生於 1928 年，1944 年考入六燃，被分至原動缶——原動缶又稱「鍋爐房」，戰後改稱「原動力工場」，再定名為「動力工場」。林前輩歷任鍋爐房技術員、動力工場領班、總領班，於 1988 年退休。

2020 年 3 月受訪時已 93 高齡的他，雖略顯削瘦，但仍神采奕奕，作為一位時代過渡者，他有著跨越世代的生活經驗。年輕時雖曾吃苦，如今卻也回憶滿滿，侃侃而談。他不只描繪戰爭威脅，也點出戰後因文化、語言等差異所帶來的適應問題，而這也是二戰結束前後那個年代，所有人的共同經歷。

林水龍前輩退休時，高廠已是座煉製設備完善、工程技術先進、人事制度齊全及重視工安環保的大型煉油廠。隨著勞動條件與工作環境的改善，前輩們所走過的那段艱辛歲月，也已成歷史。

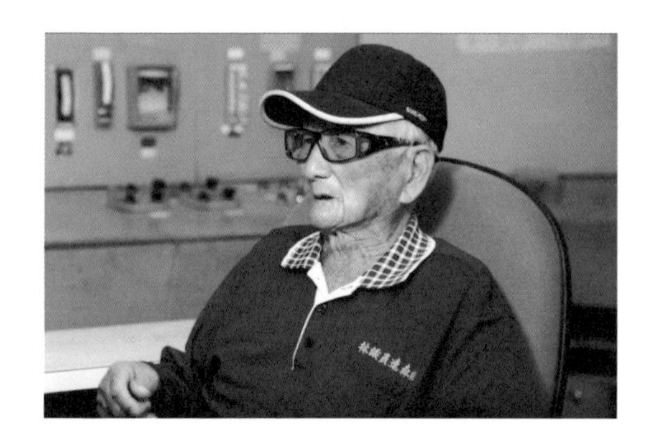

林水龍前輩近影（攝於 2020 年 3 月）
© 黃文賢提供

原想藉口述，記錄動力工場能源定位及氣動儀器操作環境，卻意外翻開前輩塵封已久的回憶篇章，這至少讓我們可略窺當時社會樣貌，以及他們在油廠生活所須面對的種種困難。

今氣動儀器已封存於修造廠房，等待來日開啟。多年以後，被置於一封一啟之間的氣動儀器，或將不再為你我所關心，但林水龍前輩年輕時代的勞動生活素描，卻已為我們拼湊了一塊屬於高廠的歷史拼圖。這，應可算是文物保存外的另種收穫吧！

（本文感謝黃文賢先生提供部分圖文資料）

註｜

1. 六燃時期以來，高廠儀控系統皆為傳統氣動儀器，直至 1960、70 年代，始轉為電子式控制，數位化時代則以分散式控制系統（DCS）掌握生產情況。在傳統氣動及電子式儀器幾已淘汰的今日，高廠動力工場尚留有一套早期的氣動儀器，這套僅存設備，除見證高廠發展，亦為具價值的重要產業文化資產。但因動力工場廠房面臨拆除，本套氣動儀器遂在高雄市政府文化局要求下拆遷，異地保存，待擇日重啟。
2. 六燃時期，1944 年 1 月完成的原動缶，戰後稱鍋爐房（鍋爐，民間稱為火鼎），高廠動力工場前身。早期鍋爐係以煤為燃料，後改以重油或石油氣為燃料，生產蒸汽供煉製工場及其他地方使用（日後發展的汽電共生設備，不僅產生蒸汽亦能發電）。
3. 「那個鍋爐別地方拆來的」此句乃根據《第六海軍燃料廠探索》一書記載，係移自日本高秋閒置鍋爐。
4. 1978 年高廠決定在原六燃時期第一蒸餾場址，興建第一真空柴油脫硫工場，整地時，經由曾在原工場擔任操作員的同仁告知，挖出當年美軍投下的 1 千磅巨型未爆彈。
5. 語言差異除慣講臺語或日語的前輩們需面對外，對來自中國各省的油人而言，同樣也是個問題。關於此點，參與高廠接收，曾任材料課長的劉魁餘，在一篇名為〈接收憶往〉的文章中提到：在光復初期因言語不通，蔡淵源兄是我的舌人……。為提倡國語，當時每天上午上班後，在材料課辦公室用三十分鐘來教國語，都靠蔡先生翻譯。 參考淩鴻勛編，《石油人史話》第二輯（臺北：中國石油有限公司，1971），頁 450。

紅磚屋
再會吧！

高廠建築巡禮

在日人精心規劃、戰後積極復建及配合經濟發展等階段，皆曾扮演重要角色的高廠，雖已停止運作，仍留下不少建物與設施，為我們訴說高廠的產業歷史。這些分散於廠區、宿舍區，各具風格的建物，連結了幾十年來的社會變遷，每棟置於發展脈絡上的建築，也都是高廠與這塊土地精彩互動的明證。

系列文中，筆者將透過圖文，擇取不同時期建物、附屬設施及名建築師等，以略窺日治迄今之高廠建築風貌。

如果，你也想對高廠多些了解，有空不妨走走，你會發現每處建物背後，皆隱藏許多精彩故事，值得你我用心，細細品嚐。

六燃時期建築

1941 年 12 月，日本偷襲美國珍珠港，引爆太平洋戰爭。為戰事所需，日本於 1942 年擇定半屏山下籌建第六海軍燃料（六燃）廠。1944 年底，美軍對臺展開全面轟炸。1945 年 8 月日本投降，戰爭結束。1946 年，中油正式接收六燃廠。

日本自籌建六燃至戰敗，不過短短三、四年光景。當初為運作所需建置的道路交通、油料輸運、公用水電、物料倉儲、修理維護等系統及辦公廳舍、員工宿舍等，皆已粗具規模，為日後高廠發展奠下扎實基礎，當然也留下不少具歷史意義的建築。

一、總辦公廳

日本建六燃廠，於高雄設總務、會計、醫務、精製等部。總辦公廳前身為當時事務所廳舍，同仁沿襲日治時期說法，亦以「廳舍」稱之。早期若說「我要去廳舍」，即表示欲往總辦公廳洽公。

本廳舍完成前，曾以先完工之修理工場為臨時辦公室。1943 年明治節（11 月 3 日），外觀為灰色二層建築的廳舍完工，內部空間配置，面向廳舍右側一樓為總務部，左側一樓為會計部，二樓右側為廠長室、會議室，左側為第一企劃科，後面另一棟職員餐廳。當年廳舍舉行竣工典禮，還曾發生因照相機閃光燈的火花噴到天花板，而引起火警的意外小插曲。

1944 年 4 月，舉行開廳儀式，廳舍成為六燃及接收後高廠的運籌中心。其採高地基、迴廊、連續拱門設計，為建物最大特色。此為日本於明治維新吸收歐洲文明後，所引進之建築樣式，有人稱之為「熱帶殖民樣式建築」，其設計應與氣候有關。

由於高雄氣候濕熱，四周採迴廊、連續拱門設計，使空氣易產生對流，以利通風。此種格局亦見於已登錄為歷史建築的左營海軍鎮海樓（原日本海軍高雄警備府）等處，充分顯露因應臺灣熱帶氣候之地域特色。

建成於日治末期的總辦公廳，已逾七十年，為二層磚木混合建築，斜坡屋頂。曾於賓果廠長時期及 1970 年代改建，惟大致仍維持初建樣貌，其中以北（前）棟之圓拱長廊尤為特色。簡單中帶有幾分樸素與寧靜的總辦公廳，白牆灰瓦，四周高大綠樹及如茵綠草，形成極美構圖。配合周邊景觀藝術所散發的優雅氣息，尤予人舒適之感。

六燃高雄廠曾為殖民統治象徵，政權轉移後，成為中油在臺經營起始。作為決策中心的高廠總辦公廳，則是同仁心目中的「起家厝」，地位重要。當初

1. 總辦公廳迴廊、連續拱門設計，使空氣易產生對流
2. 1944 年六燃建設事務所職員於廳舍（總辦公廳）前合影 ©《第六海軍燃料廠探索》 1 | 2

六燃交接就選在二樓進行，饒富時代意義。不論產業歷史或區域發展，六燃高雄廠已為高雄這座城市寫下珍貴扉頁，其中於 2020 年被指定為市定古蹟的總辦公廳，謂其為日治末期極具文化價值的重要建築，應無疑義。

二、日式宿舍

日本海軍於半屏山下設燃料廠，引進不少日籍及本地人員，為提供人員居住，建有宿舍。中油接收後，原軍官宿舍轉為職員宿舍，為今宏南宿舍區，技職人員宿舍則轉為工員宿舍，即今後勁宿舍區。另，當初六燃醫務部，於今診療所處設有護理學校及護理士宿舍，戰後則轉為護士眷屬宿舍及被稱為「獨身寮」的雇員單身宿舍等。

日治時期宏南宿舍區住宅，可分為甲、乙、丙、丁四種，時建有甲種宿舍 1 棟（廠長宅，今招待所）、乙種宿舍 7 棟、丙種宿舍 18 棟、丁種宿舍 42 棟。乙種、丙種為獨棟，丁種為雙併。戰後為需要增建仿丁種樣式之水泥磚造宿舍，稱為「新丁種」，原日治時期之木造房舍稱「舊丁種」。

1. 總辦公廳大致仍維持六燃時期初建樣貌

2. 宏南舊丁種雙併宿舍

其中屬舊丁種雙併宿舍之宏毅一路 5 巷 2 號、4 號，連棟木造混磚建築，2014 年被高雄市政府文化局以，其為「中油宏南舊丁種雙併宿舍為 1940 年代日治時期末期宿舍之丁種宿舍，雖經歷 70 年來日治、國民政府時代替換，仍留存日治時期之原樣 (丁種宿舍原型)，具有見證歷史時代意義。其特殊建築風格亦屬當時代之歷史、文化與建築技術上的典範之一，有助於建築技術工法、風格、形式、空間格局之探索與證據的留存」，將之指定為市定古蹟。[1] 另宏南宿舍區的大部分，則於 2015 年被公告為文化景觀區。[2]

宏南宿舍區因擁有一般社區少見的盎然綠意及日式房舍所散發的懷舊風情，也因此常吸引劇組前來取景。2010 年在宏南宿舍區拍攝的電視夯劇《倪亞達》，雖已下片多年，但偶爾仍會有人專程來此尋找主人翁倪亞達的家。

宏南舊丁種木造雙併宿舍，屋頂覆以黑瓦，外牆為歐式雨淋板，牆體為臺灣日式木造建築常見之編竹夾泥牆，室內為傳統日式空間，室外綠籬及庭院設計，頗有英式田園風味。另，抬高屋宅，以因應高溫多濕氣候及避免蟲蛇危害，並設計散熱通氣孔、磚造煙囪及收納小屋等，生活機能齊全。

後勁與宏南日式宿舍為同期所建，但專家眼中，後勁宿舍不論空間紋理或聚

3. 木造宿舍的雨淋板與編竹夾泥牆　4. 後勁日式宿舍街廓紋理　1 | 2 | 3 | 4

長條型單身雇員宿舍具獨特質感（已拆除）

落氣質，卻是優於宏南。尤其雙併木造區所具有的樸實感覺及街廓轉角丸龜形防空壕所散發之戰爭氣息，皆充分顯露了長期積累的文化厚度，確與宏南宿舍有所不同。

曾為單身雇員住宿的數棟日式宿舍，座落診療所後方，屋舍錯落，自成天地。雖無聚落樣貌，但長條型建築與周圍老樹所凝聚的氛圍，呈現異於宏南、後勁兩宿舍區的獨特質感。其與木構、黑瓦的護士眷屬宿舍，共同為高廠建築譜寫另種日式風情。

始於日治時期的兩宿舍區，幅員廣闊，建築類型多元，與護士眷屬宿舍及雇員單身宿舍等，各有其形塑的生活樣貌。在高廠文化資產日受重視之際，兩宿舍區皆有建物被指定或列冊，這代表某種形式的價值與肯定，現已成為探討在地文化的重要場域。

這些日式宿舍，承載了幾十年來的員工生活，是許多油人生命中的重要場景，它們共同寫就的油廠員工生命經驗，有著更甚於文字的說服力。只是部分建物因閒置，不敵歲月摧殘，已逐漸頹壞。有一天，這屬於那個時代獨有的宿舍風情，將會消失於天地之間。

1. 日治時期成立之軍官俱樂部　2. Club 走廊連續拱圈　1 | 2

三、六燃軍官俱樂部

日本於六燃軍官宿舍區內設有俱樂部，作為休閒場所，早期油人以「Club」稱之。俱樂部因戰爭因素並未全部建妥，戰後依原設計圖完成，始成今貌。

日式屋瓦、木框玻璃窗，顯露幾分樸素。建物正面有進出車道及車寄，上方漆以黑白帶飾，為廠裡建築所少見，相當特殊。紅色屋頂在晴天中，頗為醒目，具畫龍點睛之效，建物內部走廊拱圈則與總辦公廳遙相呼應。

俱樂部區域有數棟建物，現作為辦公室、交誼廳、圖書室等用途。文件記載，1945 年底代表政府接收的沈覲泰廠長，曾於軍官俱樂部餐廳舉行慰勞會，宴請日本表福島洋大佐等人，為俱樂部增添一段史話。

四、材料倉庫辦公室

六燃時期設材料係（係，日文部門之意），建有倉庫多座，以支援建廠任務。

成於 1943 年的材料倉庫辦公室，一直以來皆為材料倉庫區行政中心。雖曾改建，但仍保有黑瓦、氣窗、木框玻璃窗等日式風味，室內磨石地板更為廠裡僅見。

日治時期，水池為廠區標準配置，除具景觀功能外，主要為消防用途。六燃時期的廠區、宿舍區即設有多處水池，惟多已遭填平。材料倉庫辦公室前水池，為碩果僅存者，值得保留。

另，辦公室後方尚留有一間磚木造小屋，早期作為茶水間，現已閒置。在保留與拆除間存在的小屋，為目前廠區內唯一雨淋板建築，頗具歷史況味。

五、前二號庫

據現有資料，前二號庫為 1965 年興建，但從其為斜屋頂，建物兩側水泥斜撐、入口破風板、基礎鐵製通氣孔等觀之，頗具日式風味，感覺其應為改建而非興建。在區內多座 1960、70 年代改建之摺板式及倒傘狀薄殼結構倉庫群中，

1. 材料倉庫辦公室與噴水池　2. 前二號庫側面

顯得與眾不同。本文特將之置於日治時期，與材料倉庫辦公室等建築，共同呈現那個年代的建築風采。

六、原印刷工場

為保密需要，六燃時期設有印刷工場，排印《六燃情報》等各種報告及表報，所印報告列為軍方機密。

原印刷工場建於 1943 年，設有排版、印刷、裝訂等空間。戰後仍維持原有功能，承印高廠刊物及各類報表等，在當時頗具規模。對知識傳播及文學園地影響深遠的《拾穗》雜誌及廠內重要刊物《廠訊》、《勵進》等，即曾在此印製、發行，可謂是高廠最具文化意義的建築空間。

本建築現作為辦公室及電腦教室，雖曾因不同需求改建，但南棟仍留下走廊木構桁架、黑瓦、斜撐及氣窗等日式特徵，供人探詢。

3. 前二號庫後門 4. 原印刷工場今貌（局部）

1|2|3|4

七、紅磚屋

紅磚屋為「柏油摻配工場放置場」及「第七蒸餾工場換班室」兩座相鄰磚造建築總稱，因高廠文資保存躍上檯面。約建於 1944 年的紅磚屋，為六燃時期「625 潤油製造」油料摻配場所，戰後一度作為辦公室、員工休息室及倉庫等使用。

建物為磚木造，紅磚疊砌採一皮順磚一皮丁磚之英式砌法，建物兩側以紅磚斜撐加強側向支撐力。因建於戰時，工法及建材略顯粗獷，卻也忠實體現了戰爭的時代背景及戰後積極的利用思維。

紅磚屋

資料顯示，建物西側牆上留有二戰美軍機槍掃射彈痕，是高廠相當有歷史感的磚造建築。據退休同仁鄭有奇先生所述，該建物所需部分紅磚為半屏山黏土燒成的磚塊，[3] 使建築更增加了幾分故事性與趣味性。

八、詮釋者

每個城鄉、市街皆有獨特建築風情，不僅反映當地人文特質，也刻劃歲月痕跡，更是城市意象表徵。高廠文化底蘊豐厚，非但擁有殖民樣式官方廳舍，亦有英式風味木構宿舍、質樸磚造及其他附屬設施。這些形於日治，部分因改建已失原貌的各類建物，不管它們以何種形式存在，都會是歷史與時代的詮釋者。

二戰結束的 1945 年，是舊時代結束，也是新時代開始。走過美麗與哀愁，回頭想望，那六燃時期因戰爭揚起的滾滾紅塵，早已落定。所留下的建物，也終將在風來雲去，物換星移下，堅定地化成一冊冊書卷，供人展讀。

本文曾刊於《石油通訊》第 822 期，2022 年出版前改寫

註｜

1. 高雄市政府文化局，2014 年 7 月 29 日，高市府文資字第 10331131101 號函公告。
2. 宏南宿舍區之大部分，經主管機關以「中油宏南宿舍建置於日治時期，為日本第六海軍燃料廠之附屬眷舍基地之一，歷史場域完整。且區內擁有許多老樹、鳥類，具有生態環境保存的價值。兩宿舍群落隨著歷史的演進，雖然陸續擴建，仍擁有高度產業共同體的群體社區認同與生活文化，具有特殊的產業文化特色」為由，於 2015 年公告為文化景觀區（高市府文資字第 10431229701 號函）。
3. 2019 年 6 月，在已夷成平地的第七蒸餾工場空地，發現半截日治時期「臺灣煉瓦株式會社」所產「T.R」磚，應可作為與其有地緣關係的「紅磚屋」，係日治時期所建造的佐證之一。

戰後的高廠建築

一、戰後的高廠

自政府接收後的 1946 年起，高廠積極搶修日人所遺設備，努力復建。1950、60 年代，進入美援時期，政府實施經建計畫，以農業帶動工業，臺灣逐步轉型，社會型態亦由農業過渡到工業，經濟快速成長下，軍民用油激增。1968 年第一座輕油裂解工場興建，臺灣進入石化業時代。1974 年十大建設推動，經濟加速發展，1980 年代臺灣已成亞洲四小龍之一。

1987 年，中油宣布興建第五輕油裂解工場（五輕），因後勁居民抗爭，延誤工期。1990 年五輕動工，1994 年順利投產，高廠發展達於巔峰。2015 年高廠熄燈，黯然步下石化舞臺。

走過臺灣經濟困頓與繁榮，高廠貢獻有目共睹。停產後，廠房陸續拆除，空間樣貌急遽改變。歷經七十幾年，留下的各類設施，次第呈現世人眼前，擁有的豐富產業文化，亦為外界所驚豔。除廠區整體氛圍，成於日治時期及戰後的各類建築，更成為高廠歷史最具說服力的解說者。

本文隨機選取增、修、改建較為密集的 1960、70 年代及其他具特殊代表性建築，期能在風貌改變中，開啟與高廠的簡單對話。

二、典型工業建築——銲鉚工場

日治時期於高廠西門北側設有修理工場，與倉庫等為當時最先完成的建築群。戰後，隨業務擴張，管線塔槽、轉動機械、電子儀器，甚至木工傢俱、土木營繕等，均賴修理工場分工完成。當時設備、零件大都由高廠自力製作，不但展現自給自足精神，也厚實修造能力。

偌大修造廠區，最具代表性的應屬建於 1959 年的銲鉚工場：

> 自加氫脫硫工場開始，新建工程陸續展開，為了撙節寶貴的外匯，塔槽自製率之提高乃勢在必行……為著塔槽自製之需而增置了 20 噸天車，從西德進口 30 公厘捲板機，自行設計 500 噸油壓機，由日本購買 10 米焰切床，美國之全自動電焊機與增建塔槽之熱處理爐等設備於銲鉚工場，使本廠在塔槽製造上更具規模並符合美國機械工程師學會（THE AMERICAN SOCIETY OF MECHANICAL EMGINEERS）之施工標準。

1. 銲鉚工場活動玻璃窗　2. 銲鉚工場內部大跨距桁架　1｜2

刊於《中油人回憶文集》第二集，頁 495，作者劉錦池的這段話，正好說明銲鉚工場的重要性。

銲鉚工場為鋼構建築，內部樑柱密集鉚釘及挑高、大跨距芬克式桁架，氣勢宏偉，令人讚嘆。主要製作及修復塔槽的工作空間，留存多座老舊機械及各式鐵件，襯托出產業建築的空間氛圍，充滿十足工業況味。細心觀察，還可發現許多舊有建築元素，如古味十足的活動氣窗、玻璃窗等。鄰近尚有早期與銲鉚工場配合的熱處理爐及配管工場等廠房，形成龐大而完整的修造廠區。

三、現代思潮下的建築——摺板式與倒傘狀結構

現代主義建築思潮，為 20 世紀中葉，居西方領導地位的建築思想，主張擺脫傳統形式，創造適應工業化社會的新建築。具可塑性、節省材料的鋼筋混凝土結構，正好合乎時代需求。其不但在新思潮推波助瀾下，成為新載體，也提供了建築師們自在的揮灑空間。

1960、70 年代，正值臺灣水泥產業擴建及繁榮時期，建築師們利用鋼筋混凝土特性，為高廠所設計的摺板式與倒傘狀薄殼結構建築，也恭逢其盛，成為高廠發展階段的類型代表。串聯這些實踐現代思潮的建物，便可概略了解戰後高廠現代建築樣貌。

摺板式（又稱波浪式）屋頂，係利用折紙原理，將板構材料做成傾斜屏風或金字塔狀連接體，使其具抵抗外力及載重之構造方式，具施工容易、耐用等優點。摺板式屋項以鋼筋混凝土為主要結構，1960 年代為許多臺灣建築師所採用，常見於營舍、廠房等，最著名的為 1961 年由王大閎設計的「臺灣大學第一學生活動中心」。臺灣大量出現此類屋項建築，為 1968 年推動九年國民

義務教育時，由成大王濟昌教授所設計的國中標準教室，高廠則有 7 號水塔電氣室與六號倉庫等。

倒傘狀（薄殼）結構，則係利用物體曲面創造結構力量，就如薄薄蛋殼可承受很大應力，具現代主義新材料、新技術精神。雖較費工，但因無樑，可節省材料降低成本，一時蔚為風潮，為多位著名建築師所採用，如陳其寬等人設計的東海大學建築系館（1961）及路思義教堂（1962）等。

1960、70 年代正值高廠逐步奮起階段，廠內及子弟學校紛紛增、改、新建需求空間。高廠於此期引進的薄殼結構建築，計有前一、後一、前三、後三及前五、後五號倉庫、東門觸媒倉庫、十號倉庫等倉庫群，其他則有宏南福利餐廳、中山附中竹銘館等。

四、7 號水塔電氣室與前六號倉庫

建於 1964 年的 7 號水塔電氣室，為鋼筋混凝土結構，座落廠區東門附近，為高廠首座摺板式屋頂建物，係作為第六蒸餾、第三媒組及第三、四加氫脫硫等工場之冷卻水與暴雨節流泵電源供應站。

小巧量體，簡單而有秩序的波浪型屋頂，是本建物特色，給人深刻印象。因政策因素，本建物已向你我道別。

六燃時期即建有物料倉庫，戰後因業務發展，陸續進行增、修、改建。因不同材料各有存放空間，為方便管理，倉庫以一、二、三……及前、後等方式編號，全盛時期曾編至十號以上。其他另有觸媒、化學藥品等特殊用料庫及專案倉庫等。

1. 「7 號水塔電氣室」（現已拆除）
2. 前六號倉庫
3. 方型柱與撐起之倒傘狀薄殼結構

分前、後的六號倉庫，分別於 1966 年及 1969 年增建完成，以存放鋼材等大型五金及水泥為主。此一鋼筋混凝土大跨距建物，具有良好的通風、排水與散熱等特性，正合倉庫存放需求。六號倉庫的摺板式屋頂，剛硬線條，顯得規則而有秩序，充滿工業意象，在倉庫群中相當突出。

曾經頻繁的物料進出，承載了高廠興衰起伏，未來將規劃為展示空間的前、後六號倉庫，與 7 號水塔電氣室相比，顯得更具氣勢。

五、材料倉庫群、竹銘館

建於六燃時期的材料倉庫群，於 1960 年代陸續改建。除六號倉庫為摺板式屋頂，前二號庫具日式風格斜屋頂外，其餘多採倒傘狀薄殼結構，如前一、後一、前三、後三及前五、後五號庫等，可概稱為「倒傘狀薄殼結構材料倉庫群」。此一極具空間特色的建築群，據曾到訪的日本學者表示，在日本也已不多見。

此種將樑置於屋頂，下方僅以方型柱撐起雙曲傘面薄殼結構的建造方式，因樑柱減少，既降低成本又增加使用空間，正符合當初的時代需求。高廠此類建物多出現於 1963-1975 年間改建的倉庫區，原因在倉庫為材料存放場所，空間使用極大化為最高指導原則。廠裡薄殼結構倉庫群，另一特點為周圍牆體上方，為減少倉庫陰暗感，增加採光，所設計之玻璃窗。

高廠倒傘狀薄殼結構材料倉庫群，因具時代及技術、產業等文化特色，被登錄為歷史建築。[1] 現除前一號庫內部，在文化資產再利用相關法令規範下，由中科院研究部門進駐使用，成為高廠歷史建築再利用首例外，餘則仍作為倉庫用途。

現為國立中山大學附屬國光高中科學館的「竹銘館」，1976 年由高廠捐贈興建，亦屬倒傘狀薄殼結構建築。與前述材料倉庫群差別在於，其方型柱與撐起之雙曲傘面露於建築外表，材料倉庫則隱於室內。

結構設計特殊的竹銘館，為中山附中相當具有特色的建築物。雖附中已脫離高廠體系，但相信曾經迴盪在竹銘館的笑聲，應會是許多油人子弟的共同回憶。

1. 中山附中竹銘館為倒傘狀薄殼結構建築 2. 技術大樓 1 | 2

竹銘館，係為紀念中油公司前董事長淩鴻勛而命名。淩鴻勛，字竹銘，廣東省番禺縣人（原籍江蘇常熟），鐵道工程專家，1951-1971 年任中油公司董事長。為紀念並緬懷其貢獻，苗栗探採事業部辦公大樓竹銘樓及中山附中竹銘樓等，皆以其字「竹銘」名之。[2]

六、技術大樓

技術大樓建於 1965 年，前身為六燃化驗室，初時僅木造平房兩棟。1946 年，平房拆除，設辦公、研究、貯藏等空間。1961 年，因應業務需求，增建後棟化驗室。1965 年，改建為地下一層，地上二層建築，即為本「技術大樓」。

混凝土建築的技術大樓，現為台灣中油股份有限公司綠能科技研究所辦公室。流利的水平及垂直線條，大量開窗，注重採光，外觀幾何線條，簡約、理性，反映了 1960 年代「自然、樸實」的時代價值。從油品化驗到接續的綠能科技，它的沿革不但記載了高廠興衰，也展現了公司積極轉型的靈活思維。

七、中山堂

被列為歷史建築的中山堂，前身為日治時期作為集會所的公會堂。據六燃時期老員工所述，當初每日進廠，皆須到此聆聽日本軍官訓話。早期中山堂曾定期播映電影、舉辦「賓果遊戲」及康樂活動等，展現高廠大家庭的溫暖情誼，也為員眷們帶來不少歡樂。

1. 1962 年，改建前的中山堂
© 《高雄煉油廠廠訊》
2. 改建前之中山堂內部活動
—— 1958 年迎新晚會
© 中油公司煉製事業部
3. 淩鴻勛題字

原為黑瓦雙坡頂的建築，因設施老舊，1964 年由大洪建築師事務所設計，1965 年由高廠改建完成，現仍作為員工集會及活動場所。正面「中山堂」三字，為中油公司前董事長淩鴻勛所題，相當難得。

大洪建築師事務創辦人王大閎，畢業於美國哈佛大學建築研究所，為中國現代化建築代表人物之一。論者謂其作品，有來自家世背景的典雅高貴及養成偏好的極簡冷靜。觀之中山堂，似有幾分味道。他日路過，或可停下腳步，駐足品味。

八、資訊室

資訊室建於 1966 年，鋼筋混凝土建築，係高廠為因應資訊科技時代來臨所興建，用以處理資產、薪工、材料、費用、會計、帳務及程式設計等，肩負高廠及他廠的資料處理重責大任。

1. 資訊室　2. 後勁四樓公寓式教員宿舍　1 | 2

資訊室為少數新建而非改建的建築物，方正筆直的線條，傳達了工業化的精確與效率，在高廠眾建築中，別具風格。與其左右為鄰的，為不同年代興建，包含現仍使用中的工務室及技術圖書室，外觀風格一致，可一併欣賞。

九、公寓式宿舍

1960、70 年代，高廠正為下階段石化發展努力擘劃，相關建設紛紛展開。第三蒸餾擴建，中海潤滑油、第一輕油裂解工場（一輕）試爐，第五、六蒸餾完成，四大工程陸續開工。此番景象，為廠裡吸引不少人才，當然也衍生住宿需求。

宏南宿舍區建有新丁種平房宿舍及曾作為外籍顧問宿舍之平屋頂建築，後勁宿舍則陸續完成勞工住宅，市區也建有員工宿舍等。1967 年宏南四樓公寓職員宿舍、1969 年後勁四樓公寓教員宿舍，陸續完成。

公寓式宿舍相對擁有的現代化設施，讓員工及老師們能無後顧之憂，在各自工作崗位辛勤打拚。線條簡單，造型現代，戶戶採光，座落在多數為日式平房的宿舍區，公寓建築更顯得與眾不同。

相當程度具現代、進步象徵的公寓宿舍，在那個年代曾吸引眾人眼光。粗獷厚實的外觀，雖略顯保守，但似也因多了層保護色彩，而更忠實地傳達了家的安全訊息。因造型具時代特色，後勁四樓教員宿舍，由作家侯文詠小說改編的電視劇《白色巨塔》，曾至此取景。

十、公忠幼稚園

為應員工子弟就學之需，高廠於 1947 年起，陸續創立國小、幼稚園及國、高中等系列學校。曾附屬油廠國小的「公忠幼稚園」（現稱油廠國小附設幼稚園），位於後勁宿舍區，環境優美，具地利之便，常年來為員工子弟優先選擇，也是許多油人的共同生活記憶。

公忠幼稚園創立於 1951 年，原以工場興建完竣後之閒置鋁房為教室，隨著學生人數增多，原有空間已不敷使用。1970 年，園長建議廠方重新規劃，並由當時修造廠營繕課陶邁麟工程師設計，興建目前所見蜂巢式園區教室。教室及辦公室由數棟六角形建物組成，棟與棟間有走道相連，不但單棟建築形似，整體亦若蜂巢，造型獨特。

1960、70 年代的高廠，展現無比自信，不但自行設計操作工場、修護設施等，也有能力設計創意不輸名建築師的蜂巢式幼稚園，令人激賞。

十一、保警東門隊舍

位於廠區東門的保警隊舍於 1993 年完工啟用，作為保警同仁辦公室、值勤宿舍用。隊舍為鋼筋混凝土三層建築，外觀採一般警察機關常見的紅色，量體顯得莊嚴穩重，是少數完成於高廠發展中、後期的建築物。

戰後，高廠被列國防工業，除軍方駐守人員，並由保安警察負責門禁及廠區、周界等之巡邏警戒。高廠以武裝駐警守護門禁，可溯自賓果廠長時期，在經歷接收初期的混亂及受二二八事件波及後，賓廠長決定設立隸屬總務組的武

1. 蜂巢式教室 2. 各建物間有走道相連 © 王御風提供 3. 原保警東門隊舍 1|2|3

裝警察隊（後改為工礦警察隊），以保護廠區及宿舍安全。1959 年，工礦警察隊職務改由臺灣省保安警察第五分隊執行。從此，廠裡門禁安全便由保警負責，直至因公司轉型，組織調整，煉製事業部成立，安全工作由保全事業部南區組接手（2002 年），保警退出為止。

由於廠區遼闊，保警駐廠期間，設有東門、北門、西門（含南門小隊）及油槽等分隊，並建有隊舍以方便員警同仁值勤。隨著保警撤退，原有隊部及宿舍，或已閒置或移為他用，而保警東門隊舍也因種種因素，必須拆除。

東門隊舍及其他與保警相關建築，如靶場、崗亭等，共同見證了高廠的安全防護，是高廠發展歲月中，不可或缺的守護者。儘管在陽光映照下，隊舍仍保有耀眼色澤，但去留隨人的建築，所能留下的，卻只剩那道投射在空曠廠區的孤獨身影。而此番所拆除的，不僅是一棟建物，也是一段高廠的安全防護史。

十二、對話

2018 年，文化部於高廠舉辦「高雄煉油廠產業文化資產保存共識」論壇，應邀參加的日本結構大師渡邊邦夫指出，廠內留存的多棟廠房，極具結構特色，甚至在日本都難得一見。國立高雄大學陳啓仁教授亦表示，早期高廠產業規模有如「臺灣矽谷」，許多典型的工業建築、設備與當時國際接軌，在工業史上相當具代表性。

建築，展現了人和自然的關係，也提供人們與城市的對話。戰後全力發展的高廠，不但擁有典型工業、摺版式、薄殼結構等建築，也有廠裡優秀人才自行設計的建物。它們全面支應了現代化的煉製發展、提供員工生活需求，更有著與時俱進及見證臺灣現代建築發展的時代脈絡。

往者已矣，來者可追，日治迄今，高廠值得談論的，何止前述。儘管每棟建築，皆可獨成篇章，自成歷史，但如果我們不想因燈已熄、人已去，而心生感傷，那麼所有留下的建物，實仍值得我們以輕鬆心情，自在欣賞，你說是嗎？

本文曾刊於《石油通訊》第 822 期，2022 年出版前改寫

註｜

1. 2019 年 10 月 30 日高雄市政府文化局召開文資大會，本文所列鉚鉚工場、材料倉庫群、中山堂等被登錄為歷史建築。
2. 1959 年正式立案的私立國光初級中學，1965 年增設高中部，定名私立國光中學，2005 年改為國立中山大學附屬國光高中，高廠於 1976 年捐贈該校建「竹銘館」；為感念故董事長凌鴻勛貢獻，公司相關建物除以「竹銘樓」或「竹銘館」名之外，另設「竹銘獎」，該獎於 1962 年由凌董事長捐贈基金創立，每年評選 1 名對公司具特殊貢獻且經驗豐富的資深績優人員。

磚石下的歷史堆疊

一、文物出土

2019 年 4 月，同仁於廠區無意間發現表面有菱格紋及「T.R」字樣的紅磚。[1] 正當高廠文資多聚焦建物與設施保存之際，此一可用「出土」形容的發現，讓高廠又多了一層文化堆疊，真是令人喜出望外。

原因是，「T.R」磚為日治時期「臺灣煉瓦株式會社」所產，而「臺灣煉瓦」對高雄區域發展甚或全臺各地建築，均有重要影響，高雄許多官方建築，皆曾使用過 T.R 磚。

此番發現，對高廠來講，除增添珍貴的文物紀錄與建築質感外，無形中也開啟了與城市歷史的對話，具有重要且獨特的時代意義。

二、「T.R」磚的由來

「T.R」，「Taiwan Renga」縮寫，「Renga」為「煉瓦」日語發音，「煉」有燒製之意。煉瓦，即紅磚。當初，臺灣煉瓦株式會社僅於松山及高雄設有壓製 T.R 磚的乾式製磚機，所產紅磚因品質佳，被列一級磚材，為日治時期官方建築用磚。高雄州廳、市役所、婦人會館及哈瑪星武德殿、打狗英國領事

鑿滿歲月刻痕的高廠「T.R」磚

館官邸整修等，皆曾使用，甚至連臺南州廳亦能見到。民間則多為名門望族所採用，是財力象徵，其重要性由此可見。

1895 年，日人鮫島盛於臺北創立「鮫島商行」，並於打狗旗後街（旗津）設支店，販賣煉瓦等建材。1899 年，鮫島盛於三塊厝興建打狗地區首家磚仔窯——「鮫島煉瓦工場」。鮫島去世後，工場由有「臺灣煉瓦王」之稱的後宮信太郎經營，時煉瓦年產量曾約占全臺七成。

1899 年起，日本推動「市區改正計劃」，實施街屋改建，為防地震及風災，規定不再建造「土埆厝」。復因鐵路興築及經濟繁榮，臺灣各地建築蓬勃發展，紅磚需求大增。1913 年後宮在總督府投資下整合各地磚廠，成立臺灣煉瓦株式會社，[2] 鮫島煉瓦工場同時易名「臺灣煉瓦株式會社打狗工場」（1920 年打狗改名高雄，稱高雄工場）。為因應市場需求，打狗工場持續擴充規模，以高產能設備生產 T.R 磚，為當時高雄州最大磚廠。

三、中都唐榮磚窯廠

戰後，打狗工場由政府接收，改名「工礦公司高雄磚廠」。1957 年由唐榮鐵工廠購入，稱「唐榮鐵工廠股份有限公司高雄磚廠」。1965 年唐榮研發耐火磚，1970 年改名「唐榮耐火材料廠」。

在臺灣經濟起飛年代，磚廠曾為唐榮公司創造高額利潤，後因磚材需求降低、環保意識抬頭及工資上漲等因素，於 1985 年停產。唐榮磚窯廠因見證紅磚建材興衰及建築技術發展，成為極具文化價值之產業遺址。

2005 年，內政部以「台灣 20 世紀磚材生產工業之重要見證，現有建物中，八卦窯及煙囪之年代久遠且工法細緻，保存相當完整」、「現存設施八卦窯及兩座煙囪具有高度歷史及文化意義，極具保存價值」及「各式不同生產設備並存具產業文化稀有性、代表性、完整性」等理由，指定為國定古蹟，名「臺灣煉瓦會社打狗工場——中都唐榮磚窯廠」，亦為目前「臺灣煉瓦」僅存工場。[3]

1. 臺灣煉瓦會社打狗工場——中都唐榮磚窯廠
2. 磚、石為常用建材（攝於高廠半屏山公園）

1 | 2

四、相似的發展風貌

有關中都唐榮磚窯廠，在廖德宗研究、標註的地圖上，可發現中心窯區外圍分別標有牛車卸土處、牛隻休息處、牛車寮及輕便鐵路、取土後水池等。[4] 有趣的是，以此對照 1968 年高廠設計圖上標示之牛棚、水塘、牛車路及鐵路圖示等，倒有幾分類似；由此亦可窺見，相同時代背景下的區域風貌及各標示名稱所具有的人文意涵。

打狗工場製磚黏土取自愛河及凹子底附近，以牛車運至窯廠燒製。對外則利用縱貫鐵路鳳山支線起點的三塊厝車站，自基隆運來煤炭，紅磚煉成後亦由三塊厝車站運至臺灣各地，或由愛河運至高雄港。〈起厝．磚瓦諸事會社〉一文引述 1905 年 7 月《臺灣日日新報》：「打狗山下有大阪商船會社，煉瓦廠甚大。……鐵道列車，日運磚瓦北上，殆無虛日，足見煉瓦廠製磚發售，其利甚大……」[5] 短短數語，點明了繁忙的煉瓦業務與外地的紅磚需求。

《第六海軍燃料廠探索》一書亦提到，六燃建廠期間，於日本製造之機具、塔槽等，係以輪船運至高雄碼頭，再利用鐵路經舊城驛運往六燃廠，其他貨物則賴卡車、牛車等運送。六燃廠提煉的軍用燃油，亦由列車轉經卡車輾轉載運至岡山機場。戰後，高廠有一段時間亦賴鐵路「煉油廠」支線運送油品。於此對照，日治時期打狗工場與六燃廠對牛車與鐵路的利用，實有異曲同工之妙。

原本因土壤黏性高及位處愛河氾濫帶，而少有人居的打狗工場一帶，因燒磚產業進駐，吸引大量來自澎湖及臺南等地勞工。其中來自臺南（北門）者，多以牛車載運為業，他們聚集之地形成小聚落，稱「牛車寮」。而高廠在發

1. 1960年代高廠部分設備仍以牛車運送 © 中油公司煉製事業部
2. 《拾穗》創刊號中的牛車廣告 © 高雄市立歷史博物館提供

1 | 2

展過程中，亦吸引許多鄰近縣市就業人口移入，最終他們也在此落腳，充分顯露人為生活漂移的社會性。

雖有火車運磚，但窯廠內外運輸仍以牛車為主。此外，為調度之需，廠方亦飼養牛隻，因而設有牛隻休息處。前述高廠設計圖有牛棚、牛車路等標示，此處牛棚應可與打狗工場的牛隻休息處相對應。早期高廠是否自己飼養牛隻？答案是肯定的，1965年4月，一份名為〈福利課牛棚及儲藏室改建圖〉標示，原棚舍外為磚牆，內以竹片隔間。改建圖則於舊磚牆外噴水泥，屋頂覆石棉板，室內有水龍頭儲水池及加裝門鎖之鐵柵欄等設施，由此可清楚得知。

由於高廠曾設窯燒磚，在當時（或更早前）以牛車載運黏土、磚石甚至工場設備等畫面，想必也為日常所見。甚至1960年代，由修理工場製作完成的塔槽，亦曾以牛車載運。顯見在那個年代不管廠內或廠外，牛車仍是相當重要的運輸工具。據了解，後勁、左營等地曾有專門承攬煉油廠運輸業務的牛車隊。有趣的是，在《拾穗》雜誌創刊號，還曾刊登過此類運輸廣告。

打狗工場地形低窪，挖取土壤後易形成水塘。關於此點，現今的半屏山公園秀荷湖，即為當初高廠設窯燒磚時，挖土所留窪地，經注水而成。湖面曾經荷葉搖曳，早期並設有划船場等遊樂設施，是同仁休閒好去處。

五、高廠的磚石情緣

高廠，立於半屏山下逾七十載，管線、塔槽林立曾是它給人的第一印象。關廠後，因廠房拆除，此番景象已不復見。今，高廠主要景觀，除依舊盎然的綠意外，便屬不同時期完成的建築與設施了。

高廠位處左營、右昌、後勁三聚落間，早期區域內建築多為由木、竹、磚、石等構成之傳統民居，呈現農業時代的生活樣態與風貌，建材亦多就地取材，沙石取自鄰近河川，硓𥑮石則來自半屏山、柴山等地。

硓𥑮石，指珊瑚礁岩體或表面粗糙、尖銳岩塊，係珊瑚死亡後，其骨骸沉積海底，隨時間推移，堆積而成以珊瑚骨骸為主的珊瑚礁，復因地殼上升或海水下降露出海面，形成隆起珊瑚礁。硓𥑮石是臺灣古老建材之一，文獻上說：「俗名老古石。拾運到家，俟鹹氣去盡，即成堅實，以築牆、砌屋皆然。」[6]

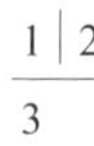

1. 高廠油槽區的硓砧石防溢堤
2. 高廠發現印有標誌的耐火磚
3. 位於修造廠區的熱處理爐

清道光年間修築鳳山縣城時，所用硓砧石為柴山一帶所產。高廠四處可見以硓砧石砌成的設施，如圍牆、駁坎、溝渠、建物地基及防空洞、擋土牆、油槽防溢堤等。

油槽防溢堤，係為防止槽內油料因故外溢發出危險之阻隔牆體。早期興築油槽防溢堤所需石材，取自半屏山，展現就地取材的技術與智慧，是了解石砌工法及認識自然的好教材。歷經歲月淘洗的防溢堤硓咕石牆體，兼具質樸樣貌與歷史況味，值得保留（現已列高廠歷史建築）。

臺灣製磚始自荷據，續於明、清，惟此期一般民宅仍以木、竹居多，重要建設磚料、石材大都來自福建、廈門等地，磚瓦建築亦常為經濟條件較佳者所有。日本於明治維新後，受英國維多利亞時代紅磚建築風格影響，引進紅磚建築技術，而造就了日治時期臺灣磚造技術豐富年代。

物資缺乏年代，高廠曾挖土設窯，燒製紅磚，此一展現自給自足精神的製磚作業，至 1960 年代仍持續。1965 年完工啟用，由王大閎設計的中山堂，即曾使用自製紅磚。工場區的兩棟紅磚屋，因係建於戰時，工法及建材略顯粗獷，卻也忠實體現了戰爭的時代背景及戰後積極利用的思維，皆為高廠頗具時代意義且相當重要的磚造建築。

超過七十年的發展過程，廠裡為應不同時期的需求，便有不同規格及特殊用磚，如建築紅磚、耐火磚等。這些形式、材質互異的磚塊，除實用性外，因形成及使用多樣，無形中亦傳達了多種建築趣味。

日治末期及戰後初期的高廠廠區及宿舍區，其建物與圍牆，多以紅磚為建材。今多數因外牆以水泥塗裝，而不見磚造痕跡。少數可辨識者，如同仁稱為「紅樓」的單身宿舍等處，則因外觀上漆，已無法顯現原本磚紅色澤，殊為可惜。

六、一方磚石，百年歷史

筆者一直以來對紅磚建築懷有好感，總覺得它具有原始的樸實與懷舊風情外，在枯燥單調的鋼構建築環繞下，尤給人溫暖之感。高廠可欣賞到紅磚之美的，尚有宏南宿舍區宏毅一路一巷之紅磚連棟建築、座落修造廠區，由紅磚、保溫磚、耐火磚層層砌建而成的熱處理爐及中山堂等。

宏南宿舍區宏毅一路一巷之紅磚連棟建築

不論風格為何，每棟建物皆具體呈現營建當下的技術與思維，也是社會文化進步的表徵。其中，建材所呈現的質感，更是加深人們對建物印象的重要元素。如臺北西門紅樓、高雄中學紅樓等等，即為該等建築提供了磚紅的視覺感受，而有紅樓之名。又如各地許多保存完整的日治時期紅磚建築，乃因彼時為臺灣磚造建築興盛年代之故。而這些紅磚建築早已成為各地重要文化資產，為當地人文風情，提供最佳詮釋。

一方磚石，百年歷史。此地有幸擁有日治時期 T.R 磚及產自半屏山的硓𥑮石，這些鑿滿歲月刻痕的磚石，不只堆疊了高廠的發展歷史，也牽動高雄的產業記憶，值得你我一同展讀。只是興奮之餘，不免觸及高廠的興衰起伏，臺灣煉瓦會社打狗工場經歷二次大戰、國府接收、經濟發展等階段，因具稀有性、

具紅磚之美的中山堂

代表性等，現已成為國家級文化景點。同樣具產業（石化）代表性的高廠，最終究竟還剩下什麼？恐怕只能留待時間證明了！

本文曾刊於《石油通訊》第 817 期，2022 年出版前改寫

註｜

1. 於高廠業務區及已拆除的工場區空地，分別發現「T.R」字樣紅磚，顯示日治時期建廠時即已普遍採用臺灣煉瓦株式會社打狗工場所生產的磚塊。
2. 本社位於臺北的臺灣煉瓦株式會社，於宜蘭、松山、圓山、中壢、新竹、臺中、花壇、斗南、嘉義、佳里、臺南、岡山、高雄、屏東等多處設有煉瓦工場。
3. 文化部，國家文化資產網，https://nchdb.boch.gov.tw/assets/advanceSearch/monument/20050311000001。
4. 本文主要參考資料為廖德宗，〈解讀高雄中都唐榮磚窯廠之歷史空間位置〉，地圖與遙測影像數位典藏計畫網站。網址：https://gis.rchss.sinica.edu.tw/mapdap/?p=4074。
5. 高雄市立歷史博物館展覽企劃組，〈起厝．磚瓦諸事會社〉，《高雄文獻》，4（1）（2014），頁 145。
6. 資料來源：維基百科，https://zh.m.wikipedia.org。

與名師的邂逅

一、高廠建築風貌

戰後，諸多來自中國，受西方現代思潮洗禮的建築師，紛紛以臺灣為舞臺。部分赴日吸收養分的臺籍建築師們，也在回到家鄉後，展開設計旅程。堅持理念的他們，不但發展出異於日治的全新樣貌，也共同創造屬於那個年代的建築。

日治迄今，高廠非但擁有殖民樣式廳舍、英式風味磚木宿舍、質樸紅磚等六燃時期建築，同時也引進 1960 年代後，反映「自然、樸實」時代價值的現代思潮建物。證明高廠建築風格改變，有其與時俱進的發展脈絡，所累積的建築樣貌，也將會是繪製文化地圖的重要依據。

快速發展的 1960、70 年代，高廠除引進新製程外，辦公廳舍、員工宿舍及子弟學校等之新、增、改建，亦多成於此一階段。工場熄燈後，文化資產保存成為新興業務，與主管機關及文史團體互動日益密切。外界關注下，除文件、工具等文物清查外，許多產業設施也在文資保存及未來利用衝撞下，成為議題焦點。

盤點七十餘年發展所留下的建物，除記錄日式建築、摺板式、倒傘狀薄殼結構倉庫群及充滿十足工業況味的修造廠區外。過程中，也發現高廠同時擁有王大閎與陳仁和兩位傑出建築師作品。

王大閎於 1964 年設計現仍使用中的中山堂，陳仁和則設計位於高雄市復横一路，1971 年完工的雙棟式宿舍。王、陳二師正巧同為第一屆建築金鼎獎十大

現代思潮下的建築——摺板式屋頂（高廠六號倉庫）

優秀建築師，[1] 他們的設計作品，不僅見證時代建築思潮，對高廠來講，也因擁有大師作品，而別具意義。

二、王大閎（1917–2018）

王大閎，1917 年生於北京，父王寵惠為國民黨要員，曾任中華民國第一任司法院長。1936 年王大閎入英國劍橋大學，主修機械，後改建築。1941 年進美國哈佛大學建築研究所，與知名建築師貝聿銘同班。1942 年哈佛畢業，1952 年遷居臺北，

臺灣大學第一學生活動中心 © 黃子譯提供

隔年成立「大洪建築師事務所」，開啟他建築現代化的實驗與探索。

深厚家學與廣袤國際視野，成就了王大閎的美學風格，其作品多為官方或公部門委託的公共建築，重要作品有臺大第一學生活動中心、國父紀念館等，是公認臺灣戰後第一代，養成資歷最豐富，影響本地建築最深遠的建築師。

1967 年王大閎以臺大第一學生活動中心，獲第一屆建築金鼎獎十大優秀建築師。2000 年，《天下雜誌》製作臺灣人物專輯，選出 200 位社會各領域傑出人物，王大閎因引領臺灣現代建築運動，列名其中。2009 年獲頒第十三屆國家文藝獎，理由為：「台灣現代建築運動的先驅。建築設計中融入傳統人文思想。整體作品有其標竿性，深具文化性及藝術性。在台灣現代建築發展史上發揮持續的影響力。」[2] 2013 年獲第三十三屆行政院文化獎。2018 年 5 月，於睡夢中辭世，享嵩壽 100 歲。

王大閎以臺灣為主要創作基地，引領臺灣現代建築運動，重新凝融中西方現代主義元素，開創另一種文化與藝術風格。其創作高峰，約集中於 1960 與 1970 年代的二十年間，此時正逢臺灣產業轉型與經濟起飛階段，社會呈現華

1. 中山堂的側面　2. 另一個角度的中山堂　1 | 2

中山堂

麗而俗氣的暴發戶心態。王大閎的簡單、樸素，在當時被譽為「知識分子最後的矜持」。獲行政院文化獎的得獎簡介寫道：

> 王大閎先生的建築總是能在一個簡單的方盒子中訴說建築的無窮魅力，排除過分誇耀的建築戲劇張力，追求一種雋永恆久的美，這都得歸功於嚴謹專業的訓練及掌握材料細節的能力。一種東方古典與含蓄的美隱藏在靜默的外觀上，雖然平淡卻歷久彌新，具有淡泊而寧靜致遠的氣質。[3]

高廠中山堂為王大閎少數存於工廠的作品，相當難得。論者謂王大閎作品，有來自家世背景的典雅高貴及養成偏好的極簡冷靜，這與他喜歡使用原質的樸素混凝土或砌磚，以呈現傳統文化的建築意涵有關。仔細觀察中山堂，其線條確有幾分簡單樸素、極簡冷靜味道，而兩側呈現的磚紅色調，或正呼應了傳統的文化意涵。除高廠中山堂外，王大閎另於 1960 年為中油公司設計了營業處馬公辦公大樓（已拆除）。

三、陳仁和（1922–1989）

陳仁和，1922 年生於澎湖，1931 年遷居屏東，就讀屏東公學校，1934 年考取高雄中學，與彭明敏同班。1941 年入早稻田大學建築科，1945 年畢業返臺，隔年任教高雄工業學校，二二八事件後辭職。1951 年於高雄成立「陳仁和建築師事務所」，展開長達三十八年執業生涯，一生共完成多達百件作品。1967 年以高雄三信高商波浪教室，獲第一屆建築金鼎獎十大優秀建築師。[4] 1989 年逝世，享壽 67 歲。

就臺灣建築師而言，陳仁和知名度雖不若同期的陳其寬、修澤蘭、沈祖海等人，但在學者眼中，他卻是位作品豐富多元、不遜於同輩的建築師，對南臺灣的現代建築發展，有著舉足輕重的影響，是臺灣戰後第一代本土重要建築師。

1. 高雄佛教堂　2. 復橫一路四層公寓
3. 前行無畏，陳仁和特展海報 © 高雄市立歷史博物館

1 | 2/3

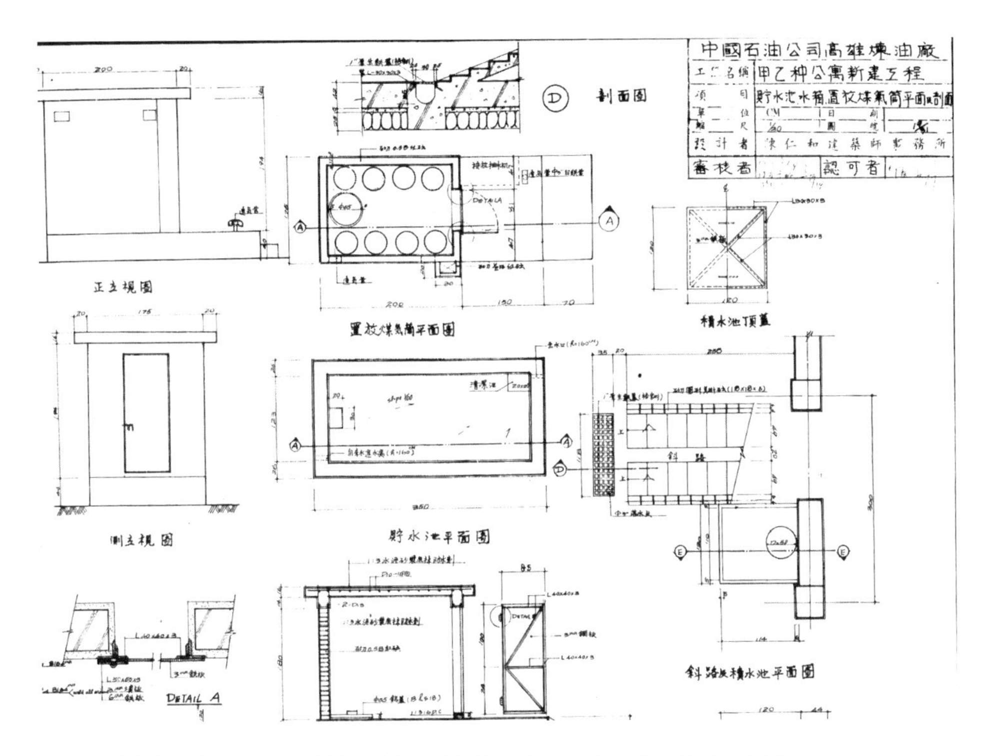

陳仁和建築師事務所設計之高廠公寓設施圖（局部） © 中油公司煉製事業部

陳仁和始業期間恰逢 1950 年代現代主義建築興起，因意識到本土地域性及臺灣建築特色逐漸流失，而發展出具表現性及在地性的建築脈絡，並於 1960 年代臻至成熟，其中多見大量格子樑的使用。其作品多位於高屏地區，代表作有高雄佛教堂（1955）、東港天主教會（1960）及三信家商波浪大樓（1963）、鳳山農會肉品市場（1977）等。

2007 年起，國立臺灣博物館（臺博館）啟動「二次戰後臺灣經典建築設計圖說徵集研究計畫」，有計畫地收集戰後臺灣經典建築設計之建築師作品，其中包含王大閎及陳仁和等人，臺博館也成為收藏陳仁和建築作品圖面最完整單位。

2018 年 11 月，臺博館舉辦「前行無畏：陳仁和的建築時代」特展，為首次以陳仁和為主題的專展，2019 年 10 月移至高雄市立歷史博物館展出。透過特展呈現陳仁和生平經歷、經典作品及建築圖說等，一窺戰後第一代臺灣本土建築大師，在建築實踐之途的奮鬥軌跡及創作精神。

備受肯定的陳仁和，為高廠設計的復橫一路四層公寓宿舍，於 1971 年完工啟用，是目前高廠已知的陳仁和設計作品。外觀可看出由橫、直向之平行梁組相交，且無任何塗裝及磁磚、石材等，表現出混凝土原有質地，某種程度也顯現了熱情、質樸、自然的南方風味。

四、結語

王大閎、陳仁和兩位傑出建築師，一出生北京，一來自澎湖，一留學歐美，一負笈東瀛，一出身世家，一為生意人之子（陳父經營旅館）。[5] 家庭環境與教育背景的差異，導引出兩人不同的設計風格，王大閎以建築設計中融入傳統人文思想為理念，陳仁和則以地域風格強烈為特色。他們的作品風格殊異，卻都受到一致肯定。

凡走過必留下痕跡，如何在已停產的廠區中尋找及拼湊歷史，相信建築會是最佳素材。儘管兩人為高廠留下的作品，各有不同命運（中山堂受到妥善維護，市區宿舍現已閒置），但高廠何其有幸，能同時擁有見證時代建築思潮的王大閎、陳仁和兩位大師作品。

翻閱六燃至今的歷史扉頁，高廠所浮現的多元建築圖像，也因有了名師註釋，而成經典。更讓我們在歷史風華瀏覽中，充分感受人與建築間的溫潤與厚度。

本文曾刊於《石油通訊》第 822 期，2022 年出版前改寫[6]

註｜

1. 該屆獲獎為王大閎「臺大學生活動中心」、陳仁和「高雄三信職校波浪教室」、陳其寬「東海大學藝術中心及魯斯教堂」、修澤蘭「陽明山中山樓」、沈祖海「台灣電視公司大廈」、楊卓成「圓山飯店、統一飯店」、張紹戴「苗栗中山堂及教師會館」、林慶豐「台泥大樓」、林柏年「臺北聖家堂」及陳濯「輔仁大學文學院」。除陳仁和、林慶豐（留日）為本省籍外，餘皆為中國大陸來臺。
2. 財團法人國家文化藝術基金會「國家文藝獎」網站，網址：https://www.ncafroc.org.tw/artist_detail.html?anchor=award4&content=detail&id=1263。
3. 文化部「行政院文化獎」網站，https://cultural-award.moc.gov.tw/home/zh-tw/award。
4. 陳仁和代表作之一的三信高商波浪型教室，現為高雄市歷史建築，為 1960 年代由日本傳至臺灣的清水混凝土風建築，由與他長期合作的吳甲一於 1963 年施工完成，1967 年獲第一屆建築金鼎獎。吳甲一，1921 年生於澎湖馬公，早稻田大學函授學校建築科課程結業，1950 年創「甲一營造」，曾承包軍方岡山、臺南、屏東等空軍機場無柱鋼構機棚等大型公共工程（參考自林炳炎，〈畫家吳甲一前輩的驚嘆號〉，《北投埔林炳炎》網站。網址：https://pylin.kaishao.idv.tw/?p=2691）。但吳是否曾承包高廠建築，則尚待查證。
5. 陳仁和父陳量，日治時期於屏東經營當時在火車站前的唯一旅社——「大和旅社」。該旅社因見證屏東市發展，2014 年經屏東縣政府公告為歷史建築。
6. 本文亦參考謝明達，「山脈與板塊：陳仁和與台灣建築師系譜」講座；林一宏，〈二次戰後臺灣現代建築圖說徵集數位化計畫中建築物現況調查計畫（一）〉，國立臺灣博物館 103 年度自行研究計畫。

萬般風情的附屬設施

偌大高廠自六燃時期迄今，留下不少建物與設施，這些居住、辦公與操作空間，是支撐高廠產業的重要場景。除建物本體，各具風情的附屬設施，不但鋪陳了高廠的歷史情境，同時也豐厚了這塊土地的多元文化與建築風貌。

一、屏山碉堡

2015 年，高廠舉辦文化性資產清查系列課程，習作過程中，學員於長年為九重葛掩蔽，雜草叢生的半屏山下碉堡內，發現鏽蝕嚴重的鐵櫃，內存大批藍曬圖。

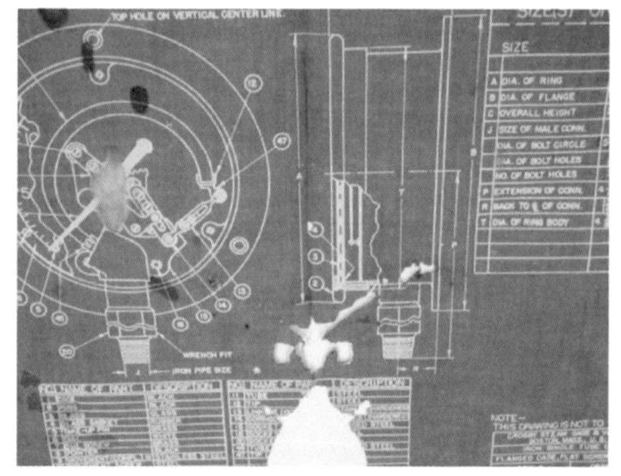

1. 屏山碉堡　2. 屏山碉堡內發現之日治時期藍曬圖（局部）　1 | 2

該批圖件除有賓果、胡新南、張明哲、李達海等人簽名外，還發現「日本石油株式會社」、「川崎製油所」、1943 年「舞鶴海軍工廠機關實驗部」及 1944 年 11 月「二燃」等字樣。這樁意外，將高廠實存的歷史文物，由戰後往前推向了六燃時期。

1970 年之前，臺灣尚屬備戰狀態，建廠及管線圖資列為國家機密，為確保原始檔案安全，故將圖件置於屏山碉堡內。這批幾被遺忘的藍曬圖，時間及於日治至戰後初期，發現之初，確也激起高廠文資清查團隊的一陣驚奇。在已被蟲蛀得面目全非的舊圖件中，踏尋那段歷史軌跡，令人彷彿走入時光隧道。

屏山碉堡，位處屏山一隅，秀荷湖畔，為一大一小圓拱形建物，構造為硓砧石及磚造混凝土，前方有硓砧石及膝矮牆。雖名「碉堡」，惟與常見軍事碉堡有所差異。實際觀察，內部格局倒像儲藏或人員駐守空間，推測這或許是後來被沿用存放藍曬圖的原因。觀其形式、建材，保有幾分戰時風貌，其建造年代，究屬日治或戰後，尚待考證。

二、圓形碉堡

六燃時期及戰後，宏南宿舍皆為廠內領導階級居住處所。為維護安全，於宿舍區設有磚造圓形碉堡等防衛設施，堡上並置銃口。經歷幾番風雨，原有四座圓形碉堡，部分已崩坍拆除，現仍留存者，則因閒置已久，多為植物所攀附。

圓形碉堡

負有宏南宿舍區安全警戒任務的碉堡，有人認為係二戰遺跡，亦有人認為係二二八件後，賓果廠長有感時局混亂，為保護宿舍同仁而決定興建。不管實際為何，畢竟那段紛亂歲月早已遠颺，如今也僅能獨處一隅，任人憑弔。

三、防空砲塔與崗哨

二戰期間，為防盟軍空襲，日本海軍於左營軍港部署空防設施，並在壽山及半屏山等處設立砲臺。為保護煉油廠，除屬「高雄要塞」防禦工事的半屏山碉堡外（有南、北砲臺，內有彈藥房、蓄水池、觀測所及機槍堡等），於六燃廠周界造有戰車壕，並設崗哨警戒。

高廠防空砲塔有兩處，一高一低，分置緊鄰後勁聚落之廠區圍牆邊，是保護廠區重要軍事建築，也是日治時期以來全島要塞化具體設施。

戰後，臺灣仍處戰備狀態，煉油廠被列國防工業，砲塔由軍方派員駐守，並

1. 防空砲塔之一　2. 防空砲塔之二

於其上架設機槍。廠內則由保五總隊負責門禁及四周警戒，於廠區周界及重要地點設置崗亭，以維廠區安全。

如今，隨時空環境改變，偏矗一隅的砲塔已褪去戰爭色彩，周界崗亭也因關廠而日漸荒廢，它們曾默默守護的廠區，亦在見證過往緊張歲月後，淡然步下生命舞臺。

四、防空洞

防空洞，是用來防備空襲及保護人民的軍事掩體，躲避空襲也是曾受戰爭洗禮的長輩們共同記憶。

六燃時期，為減少空襲損失，維護人員安全，廠方於工場、儲槽等處，建有防護牆，辦公區及宿舍區等則另闢防空洞。戰後，臺灣與中國處於敵對狀態，

3. 崗亭　4. 後勁宿舍（丸）龜形防空洞　1｜2｜3｜4

高廠因政策所需，修建不少防空設施，此為目前高廠仍有為數頗多防空洞的主因。

廠區及宿舍區現存防空洞，粗估超過 40 座，形狀可概分為丸龜形、長條形及直立（方）形等三種，建材則有珊瑚礁石、紅磚及混凝土等。這些走過不同年代的防空洞，不僅延續戰爭時的安全使命，也呈現精彩十足的烽火地景。

五、圓形水池

日治時期，水池為廠區標準配置，除具景觀功能外，主要作為消防用途。工場區及宿舍區等，即建有多處水池，這從戰後高廠設計圖上的水池標示，可得到明證，惟現多已遭填平。

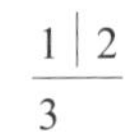

1. 可踏尋出歷史痕跡的水池
2. 半屏山公園水池遺跡
3. 宏南宿舍區半月形水池風味十足

目前廠區尚有化驗室及材料倉庫辦公室兩處建物之附屬圓形水池，以及半屏山公園磚造水池遺跡。除材料倉庫辦公室規劃成廠裡唯一噴水池外，餘則因擔心蚊蟲疫情等因素已填平。但由留下的圓形磨石及紅磚構造，仍可踏尋出些許歷史痕跡。

宿舍區則以在宏南宿舍發現的小水池為代表，小巧可愛的半月造型，為兩宿舍區所僅見。觀之似有幾分風水需求味道，其旁配置有石桌，又具庭院景觀功能。人文風味十足，令人難忘。

六、辟邪小建物

本設施與化驗室水池分處建物兩側，兩者建材類似，均為洗石子，判斷為同期建造。其外觀頗類似庭園造景，為廠裡所僅見，相當特殊。為何化驗室（技術大樓）會有此一建物，原因與風水有關。

由於化驗室緊鄰半屏山，「工」字形建物配置，俯瞰如飛機造型，為避免產生撞山意象，造成人員心理負擔，乃於兩側分建水池與本建物，使整體建築不再具有飛機形狀，以破除不祥，頗似民間信仰常見「厭勝」做法。[1]

此避災之作，將之放在化驗室多存放易燃油品，發生意外機率自然較高的潛在心理上，實有幾分道理。以上風水之說，為幾年前田調過程中，一位資深化驗同仁告訴我的。由於本設施未知其名，乃以「辟邪小建物」稱之。

關於風水效果，終究難以證實，但在寧可信其有，不可信其無思維下，確有其存在意義。小建物雖不起眼，但其所具有的人文及民俗色彩，為廠裡建築所少見。

1. 辟邪小建物
2. 辟邪小建物頂端細部　1｜2

七、收納小屋

收納小屋附屬於宏南舊丁種木造雙併宿舍，兩側各一，分屬雙併住戶，早期用來存放煤球及收納家庭物品等，為相當獨特且貼心的生活設計。

一樣黑瓦，一樣雨淋板。與宿舍本體同樣顏色，互為搭配。形似主體建築縮小版的收納小屋，已成為舊丁種木造宿舍無可取代的一部分。十足日式風味，相當具有景觀效果。

八、熱處理爐

屬銲鉚工場後端設備的熱處理爐，又稱「退火爐」，退火目的在恢復因冷加工而降低的性質，並釋放內部殘留應力。退火爐由高廠自行設計，大小兩座，依處理鐵件需要，分別使用。

大型退火爐由張正炫設計，於 1959 年建造，1961 年完工。可分爐體、台車、支座、軌道、燃料輸送管線及控制室等部分。爐體為鋼骨結構，由外而內以紅磚、保溫磚、耐火磚層層砌建。頂部有 6 個廢氣排放口，兩側牆面各有 6 個窺火孔，用以觀測爐內變化。另有台車、支座及軌道，方便物件固定及移動。

1. 收納小屋
2. 大型退火爐
3. 小型退火爐

1 | 2
3

以天然氣為燃料的小型退火爐呈穀倉狀，由保溫磚、耐火磚砌成，造型小巧可愛。與大型退火爐分工合作，共同為高廠發展盡心盡力，陪伴高廠走過精采歲月。六十幾年來，退火爐不但承載臺灣石化工業輝煌使命，也見證高廠由盛而衰的時代命運。

如今功成身退的大型退火爐，雖已被列為歷史建築，卻也只能孤獨地兀立牆邊，與牆外車水馬龍的後昌路及熙來攘往的捷運站，形成強烈對比。

九、二輕地面廢氣燃燒塔

高聳入雲的廢氣燃燒塔，為煉油廠地標。原設於高廠圍牆邊的二輕廢氣燃燒塔，因緊鄰後勁聚落，為避免燃燒時，火光、噪音及震動對民眾產生干擾，於 1989 年遷至半屏山山腰，並增建地面燃燒塔，分散負荷。

1. 二輕地面燃燒塔　2. 由地面燃燒塔內部仰望　1｜2

地面燃燒塔為圓柱建築，塔壁以耐火磚鋪設，結構設計簡潔。內部有西方圓頂紅磚教堂風味，仰望極具氣勢。其旁可俯瞰廠區及遠眺大社、仁武、楠梓、橋頭等地，視野遼濶，美麗風光盡收眼底。

當所有的高空廢氣燃燒塔皆已拆除，此一具石化產業發展意義及獨特工業景觀的二輕地面廢氣燃燒塔，便成為高廠絕無僅有的廢氣燃燒設施。也因具產業發展意義，經高雄市政府文化局審議，於 2019 年 8 月被登錄為歷史建築。

十、建築拼圖

高廠產業文化深厚，歷經歲月洗禮所型塑的建築樣貌，在相關附屬設施映襯下，更顯多元價值，現也已成為公司重要資產。

除文中所述，隨手拈來，尚有眾所熟知的七色橋景觀藝術、具指標意象的中山堂前水塔，賓俞紀念碑、墓園及就地取材的磚石遺構、鐵道遺址、停車棚等。這些風情萬般，涵蓋安全、交通、產業、生活、信仰等層面的附屬設施，是高廠建築文化中不可或缺的一塊拼圖，也是在欣賞整體建築之美的同時，不能忽略的元素。

註｜

1. 「厭勝」意「厭而勝之」，緣於人類自覺力量有限，無法抵禦自然或鬼魅，希望利用超現實手段壓制災變，破解不祥，也因此有厭勝物的 現。厭勝範圍及於生活各層面，包含防衛、保護、祈願、預期等各種心理需求，其中最具體的為居住空間諸種措施，如風獅爺、石敢當等。本文所述辟邪小建物之設置，即具厭勝作用，亦頗有人文色彩。

再會吧！紅磚屋

一、結緣

1981 年，筆者考進高廠，分發油料廠第 4 組（西區蒸餾）第七蒸餾工場。當時作為辦公室及員工休息室的紅磚屋，為筆者報到之處，亦為在工場區最先接觸的建築。不久，因他調離開第七蒸餾，也離開了紅磚屋。

期間，回西區蒸餾支援，得再度與它相聚。若干年後，奉調大林廠，與紅磚屋的距離遂被遠遠推離，僅剩搭乘交通車經過時，才能與傳聞要被拆除，卻又被留下的它，有短暫的目光接觸，而這些珍貴的剎那，卻始終縈繞於心。

紅磚屋與現已拆除的第七蒸餾工場

2015 年，因工作關係，終於有了更多親近紅磚屋的機會。再次重逢，心中自是百感交集，而這距與它結緣，也已超過三十年。

二、身世之謎

近年來，高廠因關廠衍生的文資保存，成為熱門議題，頗具歷史感的「紅磚屋」亦隨之躍上檯面，成為眾人品頭論足的對象。紅磚屋其實是兩座相鄰磚造建築的總稱，在高廠的房屋資產名稱中，兩層的為「柏油摻配工場放置場」，另一則為「第七蒸餾工場換班室」。

曾作為辦公室、員工休息室及倉庫等使用的兩棟紅磚建築，外界對其建造年代看法不一，有謂戰後興建，也有主張建於日治時期。值此建物面臨拆除之際，解開其身世之謎或許會是個好時機。

關於紅磚屋，曾任國家鐵道博物館籌備處主任的洪致文認為，其風格頗似二戰軍事建築，在六燃時期曾作為「625 潤滑油製造」摻配場所，是半屏山洞窟外，尚存與 625 設施有關的遺跡。

「625」，為六燃時期潤滑油製造裝置簡稱，當時建廠第一期工程有「620-1」第一蒸餾裝置、「622」精製混油裝置、「617」53 加侖桶製造、修理、裝卸設備及「618」鍋爐等。

紅磚屋為兩座相鄰磚造建築總稱

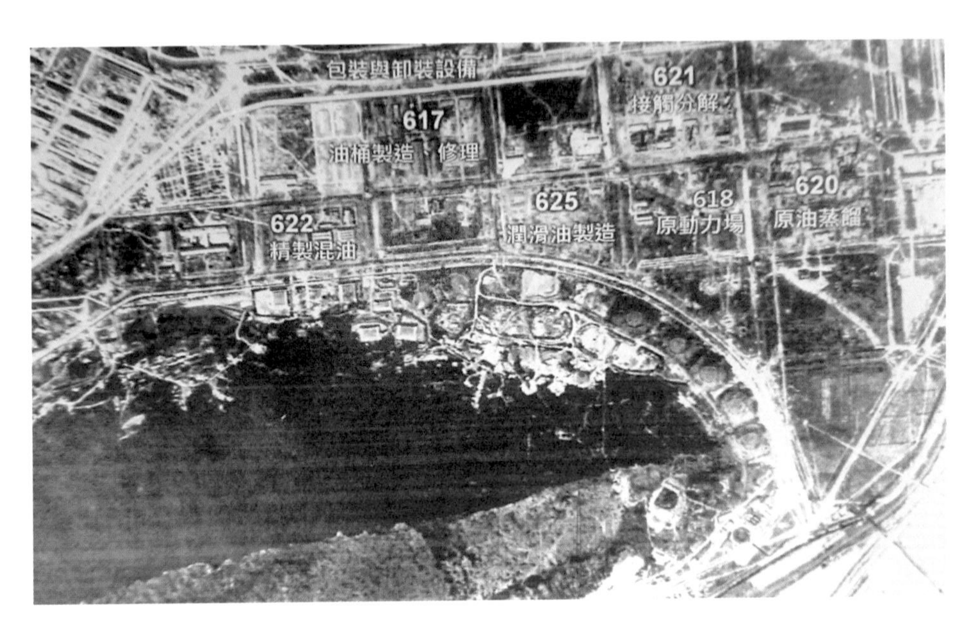

六燃時期各裝置及紅磚屋位置圖（綠色），圖中深色部分為半屏山
© 文化部文化資產局，2016 年 11 月 29 日，行政院所屬機關「文化性資產調查小組」高雄煉油廠現勘會議紀錄附圖

第二期則有「620-2」第二蒸餾、「621」接觸分解與「625」潤滑油製造等。

1944 年 10 月起，美軍對臺展開猛烈轟炸。原規劃生產潤滑油及廢航空礦油再生的 625 裝置，因受戰爭影響，在工場區只建造了用以提取重油中滑油成分的真空蒸餾裝置。而為躲避空襲，六燃廠決定將潤滑油製造（625）遷建至半屏山西南麓洞窟內。洞窟裝置於 1945 年 8 月 14 日完工，原欲試俥，後因終戰而停止。

現存紅磚屋則是原為摻配軍方所需潤滑油而蓋的建物，或因建於戰時，工法及建材不若一般磚造建築細緻，但卻也忠實體現了戰爭的時代需求。

1982 年，多位曾於六燃工作的日籍人員來訪高廠，離開約四十年的他們，對六燃高雄廠有許多感想與懷念。《第六海軍燃料廠探索》一書載有多位六燃員工的經驗與回憶，其中曾任職「625」的藤野勇三有段文字：「……工場方面，625 之磚造辦公室還留存，一進裡面便看到昔日松重大尉與我使用過的桌子仍留在辦公室內……。此房屋原來預定要拆除，但現在仍保留著原貌。」[1]

同樣任職「625」的三浦潔也有類似說法，三浦說：

> 昭和 57 年（1982）4 月，訪問台灣，參觀了保存昔日模樣的 625 裝置及辦公室以及廠內外，……即使在戰後約 40 年的現在，關於六燃、625、竹崎[2] 以及左營街上的種種，有如昨天的事。尤其是昔日一起工作的台灣出身的同仁，進入保持往日模樣的 625 辦公室，有回到 40 年前的錯覺。[3]

1986 年日文版《第六海軍燃料廠史》附有六燃工作人員名簿，其中一頁製於 1984 年 4 月，表頭為「中國石油公司」的表格，列有陳國勇、蔡耀祖及程建國三人名字，並分別註記「副總廠長」、「油料廠廠長」及「旧 625 工場長」。查閱高廠廠史，該年陳、蔡所任職位確如表所註，而程則為油料廠第 4 組組長。

油料 4 組轄有西區蒸餾等工場，組辦公室就設於當年筆者報到的紅磚屋內，前述兩名日籍人員回憶文字，直指此處即為六燃時期 625 工場辦公室，故表記程為「旧（舊）625 工場長」。至此，幾乎已可確認，紅磚屋就是日治時期潤滑油製造摻配場所。

三、半截「T.R」磚

抱著懷念心情，2019 年 6 月再度造訪「紅磚屋」。黑瓦屋頂因風災受損，局部崩落，第七蒸餾工場則因拆場早已夷成平地。踩在滿布石礫的工地，卻意外發現半截日治時期「臺灣煉瓦株式會社」所產「T.R」磚。此磚想必已埋於地下多時，如今隨著第七蒸餾工場舊址整地而出土，由於發現位置緊鄰紅磚屋，推測兩者應有相當程度的關聯。

2018 年，文化部委託中冶公司進行高廠產業文化資產調查，「紅磚屋」被列其中。調研報告記載其起建年代為 1943-1945 年，其中第七蒸餾工場換班室西側山牆，還有二戰時期美軍轟炸六燃時所留下的機槍彈痕。此發現與「T.R」磚及建物所具有的黑瓦、梯形斜撐及破風板下氣窗等日式建築元素，或可作為「紅磚屋」係日治時期所建的佐證。

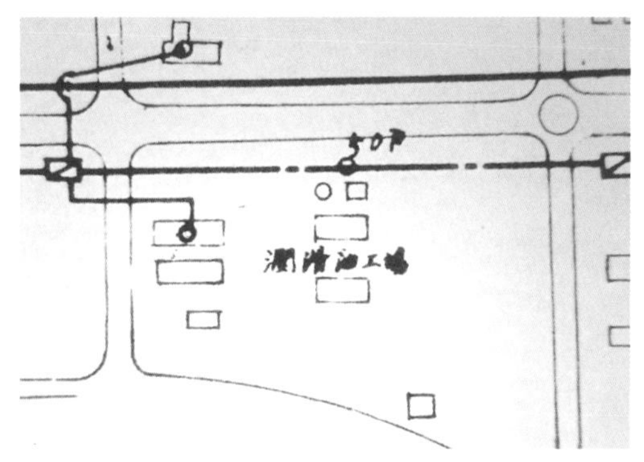

1. 半截「T.R」磚
2. 潤滑油工場圖示（1946 年 8 月高廠設計圖局部）© 中油公司煉製事業部

1｜2

四、圖說標示與身世確認

1982 年來訪的日籍人員藤野勇三口述中所提 625 磚造辦公室，即為本文所指的紅磚屋，也是當時工場區內唯一紅磚建物。因 1980 年代的高廠，已頗具規模，工場區內新建辦公室及控制室，應已不再有磚造建築。

同區域在 1946 年 8 月的高廠設計圖上，不但繪有兩處屋舍圖示，並標有潤滑油工場字樣，顯示該地（曾）為潤滑油製造場所。再往前推，1944 年美軍測繪圖，在今紅磚屋所在區域亦標有屋舍圖示。對照之下，高廠設計圖上所繪房舍，為日治時期所遺，殆無疑義。

具黑瓦、斜撐等日式建築元素

以上不論調查報告、設計圖說、實體建物或日人敘述、文件記載等，皆可證明「紅磚屋」確為日治時期所建，身分為「625」潤滑油摻配場所——身世之謎，終於解開。

這兩棟六燃時期的紅磚建築，主要係作為將柏油與輕質油料摻混成所需油品的場所，戰後則改為辦公室、休息室與倉庫等使用，此即「柏油摻配工場放置場」及「第七蒸餾工場換班室」之名的由來。而原要被拆，卻又被留的傳聞，經由前段日人口述，也間接得到證實。雖然終將消失，但今日尚能看到，至少應感謝當初決定留下它的長官。[4]

五、再會吧！

建於戰亂的日治時期，紅磚屋在日後雖暫時躲過被拆命運，奈何造化弄人，在一陣喧騰過後，終究未能被列為法定文化資產而保留。如今，它獨自矗立在空曠的工場區，日漸崩毀的軀體已被鐵皮包圍。當周遭工場一棟棟消失，它似乎也正被宣告著相同的命運。

筆者初與紅磚屋結緣，便對它莫名喜愛，除具歷史感外，也因紅磚總呈現溫暖的質感。而它為充滿鋼硬線條的工業叢林，所帶來的那抹溫潤，更是工場區內難得的風景。

再會吧！紅磚屋

繞行周遭，當年在此度過短暫歲月，同仁曾用來種植蔬菜的屋旁空地，早為雜亂所掩蓋。看著圍籬內待拆的磚紅房屋，想像它日後可能的命運，也想著未來總有一天會離開工作崗位，心緒難免複雜。

雨後，無人聞問的紅磚屋顯得格外孤單，甚至孤單得令人有些不捨。「該來的，總是會來」，誰能如此雲淡風輕？

來時緣起，去時緣滅。面對將來，寧願相信所有頹壞都會是重生的開始，只是眼前面對的是無法留住的這抹暗紅。最終或許只能輕輕地說聲：「再會吧！紅磚屋。」、「再會吧！高廠。」

註｜

1. 林身振、林炳炎編，黃萬相譯，《第六海軍燃料廠探索》，頁 307。
2. 因戰爭因素，六燃廠除將 625 等裝置移至半屏山洞窟外，也將部分設備移至嘉義竹崎地區，建造以當地所產檜木油、樟腦油為原料的精製（提純）工場。1945 年 5 月，625 的三浦潔及 621 的羽賀吉太郎等人，被派至竹崎從事工場建造，8 月中旬因戰爭結束停止。當時負責搬運器材的臺籍員工林萬盛先生曾為筆者在操作工場時的領班。
3. 林身振、林炳炎編，黃萬相譯，《第六海軍燃料廠探索》，頁 325。
4. 當年拍板留下紅磚屋的長官應為李熊標總廠長（任期 1976-1982 年），雖然屋舍終將消失，但至少讓它多陪了我們二、三十年。

歷史光影

高廠的運轉軌跡

在高廠七十幾年的生命史中，不論是六燃時期為生產航空汽油，裝建接觸分解裝置或 1970 年代以後為生產石化原料，開始興建輕油裂解工場，皆能全力配合國家政策，確保油料供應順暢，對戰後臺灣的復建及往後的經濟起飛，卓有貢獻。

發展快速的高廠，走過不同精彩階段，不但積累了相當的文化厚度，也留下清晰的運作軌跡。儘管關廠後只能從遺留殘跡及老舊照片遙想當年，但我們仍可自其中讀出屬於它的產業脈絡。

細究高廠發展，除核心的煉製系統外，同屬輪班操作的儲運、公用及配合的行政管理、工程維修、材料供應等支援部門，亦扮演重角色。由此所形成的運作軌跡，也成為探詢高廠歷史的重要線索。

在烽火下建立的高廠，橫跨日治與民國，最終將因關廠而轉型，其對經濟發展與城市歷史的影響，自有史家為其定位。

擁有豐富人文史蹟的高廠，可供研究、書寫者眾，本單元僅為其中一二，惟內容恰含上述煉製、公用、儲運（鐵路運輸）及管理等主題，可視為是高廠歷史的小縮影。

烽火下的地景之一
淺談高廠防空洞

一、背景

1941 年日本偷襲美國珍珠港，引爆太平洋戰爭。戰爭後期為加速進逼日本本土及結束戰爭，以減少損失，盟軍採「跳島戰略」，並對臺展開大規模轟炸。據臺灣總督府統計，自 1944 年 10 月至隔年 8 月，盟軍對臺空襲達 15,908 架次，投彈 12 萬顆，造成無數人員傷亡與建築毀損。

除軍事基地外，轟炸另擴及港口、油庫及電廠、糖廠等。被定位為日本海外最大油料供應地的六燃廠，也成為重要目標。為防空襲，日本海軍除於左營軍港部署空防設施外，並在壽山及半屏山設置砲臺。惟六燃廠、左營軍港及岡山海軍第六十一航空場等處，仍遭受猛烈轟炸，損失慘重。

1945 年 8 月日本戰敗，政府接收日本資產，成立中油等國（公）營事業。

戰爭受損之六燃時期蒸餾設備
© 中油公司煉製事業部

1949 年國民政府撤退來臺，在「反攻大陸」政策下，實施戒嚴。至 1987 年解嚴之前，臺灣仍籠罩著戰爭氣氛，對防空設施也有著延續性需求。

因此，不論二戰美軍空襲或戰後兩岸對峙，臺灣到處可見不同時期，不同類型防空洞，被歸為國防工業的高廠，自不例外。

二、概述

防空洞，是用來防備空襲及保護人民的軍事掩體，臺語一般唸作「防空壕」，源於此類設施的日文漢字就寫做「防空壕」，臺人為二戰期間始接觸此類設施，自然以此名之。

躲避空襲是曾受戰爭洗禮的長輩們之共同記憶，「疏開」、「避防空壕」等，也成民間日常用語。當時臺灣總督府甚至要求人民，在疏開時要隨身攜帶寫有本籍、現址、本人及戶主姓名、出生年月日等資料的小型木牌，以便必要時能確認身分。走避空襲時的緊張情景，甚至成為流行歌曲創作元素，如伍佰 1998 年收錄於〈樹枝孤鳥〉專輯的作品「空襲警報」等。

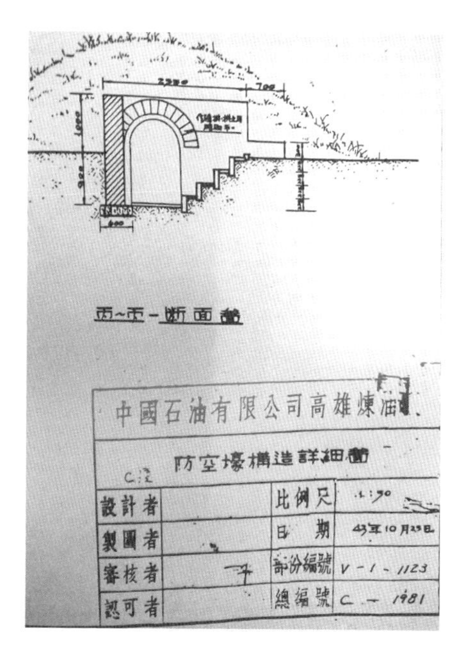

1954 年高廠防空壕設計圖局部
© 中油公司煉製事業部

日治時期，總督府頒有〈簡易防空壕建築規則〉，教導人民如何修築防空洞及躲避空襲。早期防空洞因受限材質，加上多為戰時緊急興建，耐爆能力有限，如砲彈直接命中，勢必造成人員傷亡。故其主要目的在使人員躲避炸彈爆風、破片及飛機掃射等威脅，而非抵擋炸彈直接攻擊。

昔日防空設施多為民間、礦廠或機構自行建造，以六燃廠而言，廠方為減少設備損失及維護人員安全，對工場、儲槽等設備建有混凝土防護牆；工場區、辦公區及宿舍區等，則另闢防空洞（壕）供人員避難。

《第六海軍燃料廠探索》一書記載多位六燃油人的回憶，精部製嚴慶烈說：「……為了防備空襲造防護牆、疏散重要機器或把機器搬進半屏山中所挖洞窟……」[1] 總務部西山廣美則提及：「……美軍空襲日益激烈，燃料廠也成為主要空襲目標……，在臺灣、在沖繩，就開始作防空壕。只有構內班[2] 已不足應付，於是決定各部之防空壕各部自己做，分配每人 5 包水泥。」[3]

戰後，臺灣與中國處於敵對狀態，政府為動員準備，鼓勵民間及公營機構興建防空洞。政府亦立法規定，建物新、增、改建或變更用途，皆須依建築法規設置防空避難設備或按編組人數、分布狀況等，選擇適當地點構築地下室、防空洞、永久性防空壕等避難場所。高廠為此也設計、興建不少防空設施，這也是目前高廠仍有為數頗多，造型多元防空洞的主要原因。

現今修築之避難空間，多附於建物內部，如地下室、停車場等，已不再興建早期形式之防空設施。但那些走過不同時空，造型互異的防空洞，不僅延續高廠不同年代戰爭使命，也呈現十足精彩歷史況味，值得用心體察。

三、型式與材質

一般防空洞可概分「開放式」及「掩蔽式」兩種，以後者較為安全。除公共防空洞，亦有民眾自行挖掘之簡易防空洞，此類以水泥涵管埋入，上覆乾草、泥沙即成。高廠因緊鄰半屏山，為就地取材之便，早期常以珊瑚礁（硓砧石）作為防空洞主要建材，戰後則多為水泥磚造。

防空洞為半密閉空間，空氣流動不易，通常設有通風口，以利通風。高廠現存防空洞，有陶製、鐵製及水泥製等材質通風管及其他形式通風設施。部分防空洞兩側出入口設有矮牆，其功能為抵擋兩側攻擊，以免炸彈爆炸或機槍掃射傷及壕內人員。

後勁宿舍區亦曾有壕溝形式防空壕（彎曲如 W，故又稱 W 形防空壕），兩旁並植樹以為掩護，惟現都已填平。猶記求學時的 1960、70 年代，當舉行防空演習時，學校總會疏散學生至圍牆邊的壕溝躲避，壕溝旁植有兩排木麻黃以為遮掩。這種壕溝形式防空設施，或許才較合乎「防空壕」的字面意義。

六燃時期，為使空襲下仍可安全運作，日本海軍施設部於半屏山挖掘洞窟，設小型煉油裝置，這些「洞窟工場」隧道，兼可疏散設備與人員，也可算是種特別形式的防空壕。

高廠防空洞常以硓砧石為建材

四、利用與管理

防空洞為戰時緊急避難用，但部分位處重要位置的隧道型防空坑道，有時亦作為指揮中心或特殊情報任務使用。此類設施除辦公設備外，甚至有獨立之通風、排水、儲水及衛浴等設備。哈瑪星西子灣隧道即有上述專用坑道，日治時期曾作為日軍作戰指揮中心，金門砲戰期間亦曾規劃為蔣介石的地下指揮所。此一四通八達的指揮基地，據說可容納 2,000 人以上，真是不可思議。對照曾出現在高廠圖件的「情報專線雙人防空洞 」，兩者規模簡直判若雲泥。

位於高廠總辦公廳前防空洞，因近決策中心，推測當總辦公廳遭受攻擊時，亦有可能會被規劃為指揮所。現宏南宿舍招待所為日治時期廠長住宅，其旁防空洞為廠長員眷及六燃廠職員宿舍避難設施，傳聞亦曾作為戰時指揮中心。因其位於官邸前，緊急時廠長於此召集會議或下達指令，此說應可信。鄰近的橋頭糖廠就曾在防空洞設臨時指揮所，可為印證。

高廠廠區及宿舍區現存防空洞，包含日治遺留與戰後興建，粗估超過 40 座。

1. 高廠總辦公廳前防空洞　2. 高廠防空洞口標示牌

1 | 2

可容人數，依需求有 10 人、30 人至 50 人不等。規模較大者，如總辦公廳前防空洞，則約可容納 80 人，近代附於建築物之地下避難空間，甚至可容納 100 人。

法規規定，防空避難設施所屬單位，須派專人管理，廠裡大部分防空洞因而設有標示牌，上列編號、容量、區域別、使用單位等。

五、丸龜形防空壕

對高廠空間頗為熟悉的國立高雄大學陳啓仁教授，在走訪後勁宿舍區後，認為其空間紋理與氛圍之震撼度，並不亞於宏南宿舍區。他特別提到，後勁宿舍區街廓轉角配置有與左營日本海軍震洋部隊相同之（丸）龜形防空壕。陳教授所指防空壕，規則分布於後勁宿舍街區轉角，造型特殊，相當罕見。

日本海軍震洋隊，源於二戰末期，日軍因戰事失利所採行之自殺式特攻計畫。其由一人駕震洋小艇，於艇上置放炸彈，以高速衝撞目標，又稱「海上敢死隊」，與「神風特攻隊」齊名。由廖德宗、郭吉清撰述之〈左營舊城的日軍震洋隊神社及遺址探查〉一文，對左營震洋隊有清楚描述。

該文並對可容 20-30 人之震洋隊圓形（丸龜形）防空壕，有如下描述：

> 防空壕……，造型特殊、尺寸一樣，為「雙開式寶瓶」形狀，居民亦稱為「圓形防空洞」。……兩側均有半圓形之洞口，……主體及洞口之混凝土，內包覆著鋼筋，……圓形混凝土牆上方，設一陶製的通風管……。通風管的上方，有一陶製的圓型蓋片，平時蓋住通風管，當防空壕內有人時，再將通風管的蓋片移開，以便通風，並讓光線從圓頂中央進入防空壕內。[4]

上述描述與後勁宿舍區現存防空壕幾為一致，據曾實際入內探查之同仁表示，空間估計約可容納 20 位成人，亦符該文所述。

後勁宿舍區現存丸龜形防空壕多達 24 座，造型特殊，不僅可與二戰連結，區內又有日治時期木造宿舍群及「津田」式水協仔（汲水幫浦）、老雨豆樹等。民眾以具文化資產豐富性等為由，向高雄市政府文化局提報為文化景觀，經審議後與先前公告之宏南宿舍群，列為同一文化景觀區，算是有了確定的文資身分。

存於後勁宿舍及廠區的防空洞，除可還原當時的戰爭氣氛，也意外使得後勁宿舍區長期積累的文化厚度，得以顯現。其特有之聚落氣質，不僅令人驚豔，獨具之社區氛圍，亦格外受到重視。

1. 丸龜形防空壕上之陶製通風管
2. 後勁宿舍區丸龜形防空壕
3. 後勁宿舍聚落氣質令人驚豔

1/2 | 3

六、他山之石

防空洞是戰爭下的產物，對煉油、製糖等相關軍需工業而言，也是戰時產業空間的特殊建物。它們不但延續不同時代的戰爭使命，也留住許多人的時光記憶，記錄防空洞其實等於記錄了那個年代的地方文化史。

隨著戰爭型態改變，早期存於各地的防空洞，多數因閒置而逐漸荒廢，最終也紛被以各種理由拆除。但近年來，文化資產保存倡議勃興，坑道、碉堡、砲臺、防空洞等戰爭相關設施，再度成為文化團體關注對象。而政府也樂於賦予文資身分，甚或用來舉辦文化活動或納為城市觀光景點，如臺南永康三崁店糖廠防空洞群，被公告為「歷史建築」，橋頭糖廠則曾舉辦「防空洞藝術節」等。

關廠後，已進入後高廠時代的廠區，正進行廠房拆除、土壤整治與空間規劃。在各種情結糾葛下，各界對過去的六燃與未來的高廠，始終存有不同詮釋與主張。如何利用這處工業遺址，不只政府單位高度重視，民間的保留呼籲，亦未曾間斷，多年來甚且以「搶救六燃」為名，積極運作。

高廠工場區內防空洞

高廠防空砲塔

歷經七十餘年，高廠留下許多見證戰爭歲月的防空洞及砲塔，這些難得的烽火地景，都是尋找產業歷史與建構產業論述的最佳線索。而它們究竟會在這波來勢洶洶的再利用聲浪中繼續存活，抑或難逃滅頂命運？且讓我們拭目以待！

本文曾刊於《石油通訊》第 849 期，2022 年出版前改寫[5]

註｜

1. 林身振、林炳炎編，黃萬相譯，《第六海軍燃料廠探索》，頁 274。
2. 「構內」，日文「站內」、「場／廠內」、「院內」之意，構內班即廠內工班。
3. 林身振、林炳炎編，黃萬相譯，《第六海軍燃料廠探索》，頁 302。
4. 廖德宗、郭吉清，〈左營舊城的日軍震洋隊神社及遺址探查〉，《高雄文獻》，4（3）（2014），頁 100-138。
5. 本文亦參考方俊育，〈警報響起…防空洞成追憶〉，《檔案樂活情報》，78（2013）。網址：https://www.archives.gov.tw/alohasImages/78/search.html；謝濟全，〈半屏山下的燃燒塔（上）〉。網址：https://takao.tw/under-the-flaring-ban-ping-mountain-1/。

烽火下的地景之二 高廠防空洞樣式探索

一、前言

防空洞，是戰爭的遺留，也是烽火歲月的見證。不論二戰期間美軍空襲或戰後兩岸對峙，臺灣到處可見守護民眾的防空洞。

2022 年初俄羅斯進犯烏克蘭，處境類似的臺灣，有否足夠避難空間，一時成為熱門話題。各地荒廢閒置的防空設施能否再利用，也成為大家關注的焦點。

高廠不僅有建於日治時期的防空洞，也有戰後興築的避難空間，它們共同延續了不同年代的戰爭使命。在國際局勢詭譎、兩岸情勢緊張的今日，回頭探索這塊土地所留下的烽火地景，不僅搭上時事，也記錄產業歷史。

1. 總辦公廳防空洞外觀華麗　2. 總辦公廳防空洞入口　1｜2

本文將以圖片為主，探索分布在業務區（辦公、修護及倉庫）、工場區與宿舍區（宏南、後勁）的防空洞，以作為高廠歷史的補強。

二、總辦公廳區

早期總辦公廳區域，配置有多座防空洞，如今僅剩位於總辦公廳前，約可容納 80 人之長形防空洞（前頁圖 1、2）。本座為高廠少數規模較大的掩體，因近廠方決策中心，當總辦公廳遭受攻擊時，可規劃為指揮中心。本設施量體厚實，並有樹木遮掩，特殊通風口設計，經美化裝飾的豪華外觀，與其他防空洞相比顯得與眾不同。搭配周遭綠意及列管特定紀念老（樟）樹、總辦公廳市定古蹟及七色橋景觀藝術等，文化氣息濃厚。

現今防空避難設施多附於建築物內部（地下室），但仍提供同仁安全的緊急避難場所。位於總辦公廳附近廠西路，由會計及人事部門使用之兩層樓檔案室，闢有可容納 100 人之地下避難空間，即為一例。

1. 廠西路避難室的建築外觀　2. 避難室的標示牌　1 | 2

三、修護及倉庫區

修護與材料倉庫區，為日治時期較先完工的區域，修護區內現有戰後依需要設計興建之同型防空洞 5 座，其入口釘有標示牌，上列編號、容量、使用單位等，以方便管理。位於材料倉庫區材料路右側則尚存兩座日治時期防空洞，本體以硓𥑮石砌成坵狀，上覆泥土，並植樹遮掩，其中一座通風管為鐵製，頗為特別。

1. 材料倉庫區的日治時期防空洞
2. 材料倉庫區防空洞的鐵製通風管
3. 修護區防空洞樣式之一
4. 修護區防空洞樣式之二

1 | 2
3 | 4

修護區防空洞的標示牌

四、工場區

二戰期間，機場、港口、廠礦等重要設施常成盟機空襲目標。當時六燃除築防護牆保護工場外，區內亦建有多座可容納 40 人以上防空洞（壕）。曾任職 625 工場，署名「普通科 3 期生有志」者，在其回憶文章有一段是這樣寫的：「625 工場之第一防空壕雖然受到近距離擊中，但松重技術大尉等四、五十位平安無事是值得慶幸的事。」[1]

1. 工場區防空洞樣式之一　2. 特殊的水泥製通風管

1 | 2

工場區防空洞
樣式之二

戰後，中華民國政府撤退來臺，堅持反攻大陸。為因應可能發生戰爭，各地依需要普建防空洞，高廠亦不例外。當時可提供油人避難的防空洞，多數已隨關廠後的工場拆除而消失，至 2018、19 年筆者調查期間，僅剩兩座。

工場區防空洞造型與修護區類似，為廠裡依設計圖興建之混凝土建物（惟部分以硓砧石砌成）。其中一座有兩具水泥製通風管，最為特殊。

五、宏南宿舍區

日治時期為六燃軍官居所的宏南宿舍區，所遺防空洞不多，且也未發現如修護及工場區所見類型。

宏南宿舍區最重要者，為當年廠長住宅（今招待所）旁防空洞。本體長條形，主結構為混凝土與硓𥑮石，粗估約可容納百人以上。其位於廠長住宅旁，可方便廠長及宿舍區同仁、員眷躲避空襲，亦可作為戰時指揮中心。

宏南宿舍於六燃時期所修建的防空洞，除廠長住宅旁外，另有目前僅見之一座丸龜形及樣式與材料倉庫區相同之硓𥑮石防空洞。戰後增建之長條型防空洞，其通風口設於牆面（如 159 頁圖 2），兼具通風與窺視，相當罕見。

1. 招待所長條形防空洞 2.~4. 宏南宿舍六燃時期硓𥑮石防空洞外觀

1 | 2
3 | 4

1. 宏南宿舍之長條型防空洞
2. 宏南宿舍之長條型防空洞的牆面通風口
3. 宏南宿舍丸龜形防空洞
4. 宏南宿舍丸龜形防空洞入口

1 | 2
3 | 4

六、後勁宿舍區

分布於北四巷與南三巷間木造房舍的丸龜形（亦稱寶瓶形）防空設施群（防空壕），是後勁宿舍區最具魅力的歷史地景。此種在臺灣其他有日式宿舍的地方，亦不常見的防空壕，獨具文化特色，在前篇〈烽火下的地景之一——淺談高廠防空洞〉中曾有介紹。

洪致文教授指出，此類防空壕目前似只出現在日本海軍體系建物附近，如1940年成立之東港海軍航空隊及虎尾海軍航空隊、左營海軍震洋隊等處，可謂海軍特有種。後勁宿舍為1943年日本海軍籌建六燃廠時所建，其旁配置丸龜形防空洞，自為理所當然。

1. 後勁宿舍寶瓶形防空洞　2. 後勁宿舍戰後興建之防空洞
3. 街廓轉角的防空洞是最具文化意含的街景

1 | 2
3

戰後，高廠在政策及法令規範下，對防空設施多所增建，因此，不論業務區或工場區，便存有多座此類防空洞。而後勁宿舍區也依設計圖，在街廓轉角建有磚造混凝土（部分可見硓砧石結構）防空洞，共同撐起保護油人的責任。

七、結論

高廠，起於戰爭而終於承平。期間防空洞一直陪伴六燃走過新建與破壞，戰後也和高廠共同經歷復舊、重建、更新與擴充。如今回望，我們可能會對廠裡的重要建築品頭論足，但卻對身邊的防空洞視若無睹。這種有意無意的忽略，總讓人對曾經提供保護的它們覺得有些愧疚，說得更具體些，它們的存在其實也是高廠無法忽視的一段歷史。

對曾經歷過的人而言，躲避戰爭永遠會是腦海深處無法磨滅的記憶，對戰後出生的人來講，防空洞不過是童年的嬉戲場所罷了。當「若臺灣發生戰爭，防空洞等避難空間是否足夠？」的議題被討論之際，依設計圖於宿舍區街廓轉角或廠區角落建好的防空洞，早已是此番最具文化意含的街景。

既愛和平又喜爭戰，是人類一直存在的矛盾思維。而防空洞意味戰爭，戰爭會導致傷亡，保家衛國又常須面臨戰爭，這中間的因果距離，該如何丈量？

瀏覽充滿歷史感的防空洞，也感受高廠關廠後的另種寧靜氛圍，這應無關戰爭。在文資議題塵埃落定之後，慶幸本文所列防空洞，除位於工場區者外，大部分都會獲得保留，甚至納入市定古蹟定著範圍或被公告為文化景觀、歷史建築等。防空洞真的是戰爭產物，但或許可不必那麼嚴肅看待，就把它當成是在閱讀一篇高廠小故事，如何？

註｜

1. 林身振、林炳炎編，黃萬相譯，《第六海軍燃料廠探索》，頁 311。

重回「621」

一、前言

為因應戰爭需求建置的六燃高雄廠，戰後由國民政府接收。當時的主要生產設備，雖因空襲受損，但逐步修復後仍成為高廠重要發展基礎。在油人前輩們努力下，最輝煌時期曾擁有數十座工場，也曾創造驚人產值。

除高廠煉製風華，回到七十幾年前的日治時期，這塊土地其實也曾建置過具製程指標，首座利用觸媒經裂解反應，將重質油料轉化成輕質油品的「接觸分解」（簡稱接分，代號 621）裝置。這座主要生產航空汽油的工場，一度因進料油源受阻，而計劃改以提煉之檜木油及樟腦油當原料。

為探索接分裝置，本文參考《第六海軍燃料廠探索：台灣石油 / 石化工業發展基礎》、《台灣少年吔：阿公の故事》及高廠《廠史》等書，經整理後以「重回『621』」為題，概述當年工場建制始末及日後演變，期能為即將面臨重大改變的高廠，多留下一些資料。

什麼是「621」呢？它其實是設備簡稱（就如高廠 NO.8 Topping 為第八蒸餾工場）。六燃時期各廠設備除正式名稱外，另有代號簡稱，如新竹合成部鍋爐為「719」、丁醇醱酵（蒸餾）裝置為「735」等。新高化成部設備為 8 字頭，如緊急發電為「810」、潤滑油製造為「825」等。高雄精製部則有：「610」緊急發電、「613-615」冷凝、「616」亞硫酸萃取、「617」53 加侖桶製造（修理、包裝）、「618」鍋爐、「619」真空蒸餾、「620」原油蒸餾、「621」接觸分解及「622」 精製混油、「625」潤滑油脂製造等。

1944 年接分裝置幹部合影
©《第六海軍燃料廠探索》

二、六燃廠與「621」

1941 年 12 月日本偷襲珍珠港，引爆太平洋戰爭，美國投入歐亞戰場。為應付戰事，日本海軍在擬定的軍備計畫中認為，為滿足軍用燃料質、量，必須建新燃料廠，以生產航空汽油、航空潤滑油及合成燃料「丁醇」或利用電石取得異辛烷（iso-octane）等。

新燃料廠原考慮於臺灣、鹿兒島、樺太、屋久島，擇一設立。最終，以臺灣介於東南亞油田及日本本土間，不論石油輸送或成品供應，均為理想地點，決定在此籌設新廠，時暫稱為「臺灣海軍燃料廠」（臺燃），並分建於高雄（本廠）、新竹（支廠）、新高（支廠）等三地。[1] 其中高雄廠周圍因有左營軍港、海軍警備府、海兵團及稍遠的岡山海軍航空隊、六一航空廠等單位，更形成了一大海軍要地。

分三處建廠，除分散空襲風險外，各廠亦有其計畫要點。高雄廠以原油煉製裝置為主，新竹以蔗糖為原料發酵丁醇及以天然氣經由合成丁醇製造異辛烷，新高則以電石經乙炔合成丁醇製造異辛烷及以椰子油製造潤滑油等。[2]

1942 年 4 月，日本發出派令，由二燃廠長別府良三兼任「臺灣海軍燃料廠」

建設委員會委員長，正式展開建廠籌備工作。1944 年 4 月，日本在太平洋戰爭後傾全力建造之唯一煉油廠，舉行開廳儀式，開始運作，並定名為「第六海軍燃料廠」（簡稱六燃）。

為穩定取得海軍所需船艦及航空用油，六燃除利用簡單蒸餾法外，以加熱裂解或觸媒裂解方式製造（航空）汽油，亦為當時主要選擇，代號「621」的六燃高雄廠接觸分解裝置，即為此條件下所建造的重要煉油設施。

三、接觸分解

「接觸分解」，日人稱為「接分」。早期煉油為簡單蒸餾法，將原油透過蒸餾，分離出汽油、煤油、重油等。第一次世界大戰後，逐漸以熱裂方式將重油加熱製造汽油。二戰期間，觸媒裂煉發展成功，煉油工業開始利用觸媒經裂解反應，將重質油料轉化成輕質油品。觸媒亦因可加速化學反應或使不可能的反應變為可能，開始被廣泛應用於各種製程，現已成為煉油工業不可或缺的方法。[3]

1942 年 6 月，因中途島戰役失去多艘航空母艦與飛機的日本，亟需再造機、艦，以增強航空戰力。但因時局變化甚鉅，1943 年以後，軍備計畫陸續修訂。為達成計畫中必須確保之航空汽油產量，並做了必要時犧牲普通汽油、柴油、重油等，亦在所不惜的決定。[4] 六燃高雄廠，就在這項任務分配下，由「621」裝置進行固定觸媒式的輕煤油分解，準備生產航空汽油。

四、試俥

1945 年 1 月已完工的接觸分解裝置，由精製部長福島洋大佐主持試運轉玉串奉奠儀式。由當年所留照片，可見主奠者福島大佐於桌前獻祭玉串，旁另有幾位著軍裝的觀禮人員。竣工時舉辦玉串奉奠是日本神道教不可或缺的儀式，[5] 而接分裝置也就在福島大佐虔敬參拜，祈求試爐順利中展開它的一生。

為因應軍需，接分裝置在戰事持續下全力趕工。但計畫趕不上變化，原欲建造兩座的工場，卻因多數機材未能及時運到，而減為一座。原訂 1944 年 9 月完成的設備，亦至隔年 1 月始達可操作狀態。試俥時程復因油源受阻及空襲等因素，延至 1945 年 4 月才真正進行，真是一波三折。

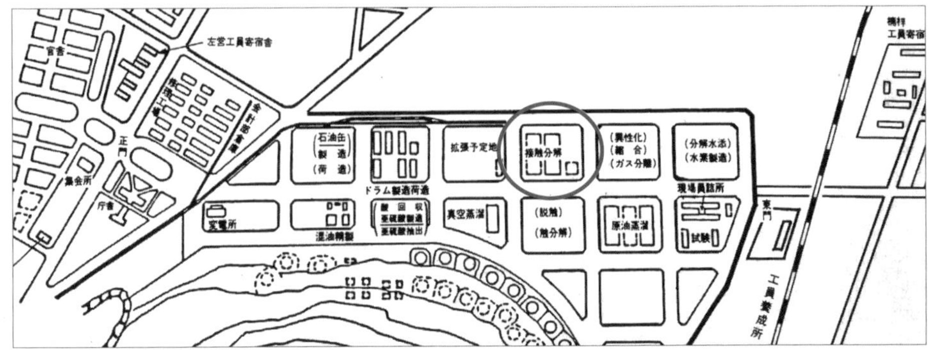

1/2

1. 福島主持接分裝置試爐奉奠儀式
©《第六海軍燃料廠探索》

2. 高雄疏開工場位置圖（紅圈處為接觸分解）
©《第六海軍燃料廠探索》

此時，日本已預見可能因原料供應不穩，無法如期操作。為確保航空汽油及各種油品能自給自足，決定增產可作為燃料之乙醇（ethyl alcohol，酒精）為替代，摻配油品。曾參與試俥的金子恭二在其回憶文章提及：

> 到昭和20年（1945）1月建造完成時，接觸分解用的輕煤油也沒有。不得不將乙醇（ethanol）用活白土觸媒使其經過脫水反應，將其部分乙醚（ethy lether）化使蒸汽壓上昇。在621號裝置進行使其能適合於汽油引擎的工作，作為試爐。[6]

試俥期間，除盟軍不時空襲外，亦因原料供應不穩、墊片漏油或爐管破裂引發火災等，延誤不少時程。同年5月，在輕煤油斷炊下，以酒精等作為原料的接分裝置，終於完成酒精醚化。

首批醚化混合成品隨即送往航空隊，但卻因多數飛機已遭破壞，並未派上用場。本次酒精醚化試驗，也成為接分裝置在戰爭結束前，僅有的一次。當時曾參與試爐，並在空襲中受傷，戰後於高廠退休的許安靜同仁，在其著作中描述了當初在盟軍轟炸下的試俥情況：

> 就這樣，停停開開繼續試車，但敵機照常每日報到，不是格拉曼戰鬥機，成群結隊來襲低空掃射；就是P38雙胴轟炸機投彈而來。……我軍則以半屏山腰高角炮應戰，炮火聲震耳欲聾，讓人猶如身在戰場。[7]

直逼眼前的戰爭景象，讀來令人震撼。而當時能在戰事中完成試爐，的確不易，尤其為防範在空襲中仍須進行容易著火的醚化作業，還特地在裝置外側建造硓砧石防護牆，以保護設備。

為取得醇類，六燃除將新竹合成部丁醇裝置改為製造乙醇，亦委託臺灣、大日本、明治、鹽水港等製糖公司以糖蜜生產酒精。甚至後來為高廠所轄的台拓化學工業株式會社嘉義化學工廠，亦加入生產行列。

受託生產乙醇的製糖會社中，以臺灣製糖橋仔頭工場（今橋頭糖廠），因距六燃最近而更具重要性，其醇槽也常成為盟機轟炸對象。當年負責的加藤賢二提到：「橋子頭工場，從明治時被稱為（臺灣）製糖發祥地，是被大樹圍繞靜靜的工場。所生產之醇，要經由穿越公司甘蔗園鋪設之軌道，用油槽車送到六燃油槽。」[8]

為讓「621」能依計畫產出航空汽油，從設備保護到以酒精取代輕煤油，甚至為鼓舞士氣，還曾有可作為重要史料的六燃廠歌出現（可見第三章）。從以上這些有形、無形事例，可看出日本為打贏戰爭所下定的決心。

五、竹崎——檜木油與樟腦油

1945年4月沖繩戰役發生後，盟軍對臺空襲益加頻繁。考量臺灣可能被孤立，所有生產須能自給自足。在原油進貨已不可能，航空汽油產量勢必不足情況下，日本開始思考以酒精作為代替燃料。由於酒精會有揮發性問題，但如予以醚（Ether）化或以檜木油經接觸分解產生「α-蒎烯」則可以使用。經討論，確立了以甘藷、甘蔗等碳水化合物發酵製造醇類及採伐檜木、樟樹製造檜木油、樟腦油作為航空燃料等對策。[9]

以松節油、檜木油作為航空汽油原料係來自德國的研究，當年經日本「第一海軍燃料廠」實驗證實，臺北帝國大學研究確定，可由接觸分解裝置製成航空燃料。為方便取得生產原料，檜木油、樟腦油設備，選於檜木、樟樹產地建造。為此，合成部乃計劃於竹東建檜木油分離裝置。精製部則選於嘉義竹崎建立基地，並於 1945 年 5 月遣派人員前往。

除竹崎外，當初其實也計劃在高雄旗山月眉，建造檜木油之小型接觸分解裝置及滑脂（grease）、氧氣、製冰及化驗等設備，以維持戰力。[10] 8 月中旬因戰爭結束，全案停止，人員陸續撤回。

《第六海軍燃料廠探索》一書，署名「普通科 3 期生有志」的〈竹崎基地之回憶〉，描述當初的器材運送係「利用當時為運送甘蔗而在工場間像網目一樣敷設的製糖會社之輕便鐵路來搬運」。其對提煉工場，亦有細緻描繪，他說：「記得工場是檜木油、樟腦油之精製（提純）工場。在山上採集到的原料油，使用管線輸送，但因鐵製管線不夠，便把竹節打通，利用竹管來輸送。」[11]

早期因開墾，砍伐竹林，到處留有竹頭，古名「竹頭崎」的「竹崎」，位於嘉義山區，為阿里山森林鐵路其中一站，盛產竹、木等農產品。不僅上述以竹管輸送，包括飲食、居住等生活所需，也多與竹子有關，如竹筍料理、竹床、竹桌椅等，甚至連當初軍隊營舍亦為竹造，充分顯示就地取材的地域特色。

六、洞窟工場

1945 年 6 月，持續近三個月的沖繩戰役結束，日軍傷亡慘重，臺灣則持續遭受盟軍強烈空襲。為維持安全生產及設備維修，日本海軍施設部決定在半屏山南麓挖掘洞窟，設置小型原油蒸餾（620-5）、潤滑油製造（625）及將六燃廠「酸素（氧氣）製造裝置」、工作機械等移入，這些位於半屏山隧道內的煉油裝置後來被稱為「洞窟工場」。

有關洞窟工場，曾於一、二十年前入內實勘的油人前輩胡巨川先生認為：

> 該洞窟內有加熱爐、排煙道及直通山頂之煙囪等設施，均係由耐火磚所砌成，……其中，塞格錐號（SEGER CONE NO）SK-34之耐火磚，平均熔點可高達1750℃。一般而言，製造氧氣不需此類設施，況且在密封洞窟內與氧氣製造裝置在一起又極不安全。[12]

另依《三十五年來之中國石油公司》一書所載：

> ……其後盟軍飛機大規模轟炸，廠區中彈累累，因之建廠工作，癱瘓停頓。另於半屏山南麓，開鑿山洞，拆遷已有設備，建立各小型裝置以資苦撐。計完成蒸餾裝置、廢機油回收裝置、小型觸媒裂煉實驗裝置等數項。[13]

可見洞窟工場內確有觸媒裂解裝置，胡前輩並據此推測氧氣工場可能就是觸媒裂解裝置。

1. 半屏山「洞窟工場」隧道口之一
2. 拆運接分裝置，作為修復第一蒸餾使用 ©《中國石油工業史料影集》 1｜2

盟軍轟炸期間，為因應第一、二蒸餾已無法操作，1944 年 10 月，日本海軍決定建一座小型而有完全防護的蒸餾裝置。最後選擇半屏山東南山麓，採硓砧石的凹地，建造代號為 620-4 的第三原油蒸餾，其設備則從廠內原油蒸餾及接觸分解裝置移用。有關移用之接分裝置設備，應是取自原計劃為兩座而減為一座之賸餘資材。

七、戰後

1945 年 8 月日本戰敗，政府成立石油事業接管委員會，接收歷經三位日籍廠長，共營運約一年四個月的六燃廠。1946 年 6 月 1 日中國石油有限公司（中油）成立，將接收的六燃高雄廠，改名「高雄煉油廠」，任賓果為首任廠長，積極重建戰爭中受損設備。

賓廠長就任後，高廠陸續進行廠區復原。1947 年率先修復第二蒸餾工場，1948 年重建第一蒸餾工場。1950 年，修復第二蒸餾工場西側，日治時期尚未建成的熱裂裝置，並於 1952 年完工、試爐。熱裂工場的成功，除順利產出 80 號車用汽油及 1 號噴射機燃油，亦增強了高廠工程、技術人員在操作與設計上的自信。

當年日人無法建成的熱裂工場，戰後由高廠完成裝建及試爐，得以生產車用汽油與噴射機燃油，而成高廠新里程。但六燃時期計劃生產航空汽油的接分裝置，其加熱爐等設備，卻於 1948 年被拆運作為第一蒸餾工場修復使用。[14]

同樣為生產航空汽油，日治時期因多數器材未到，無法建置的蒸餾工場熱裂裝置，戰後能夠完成，而六燃時期即已試俥的接分裝置，卻遭解體，真是命運大不同。

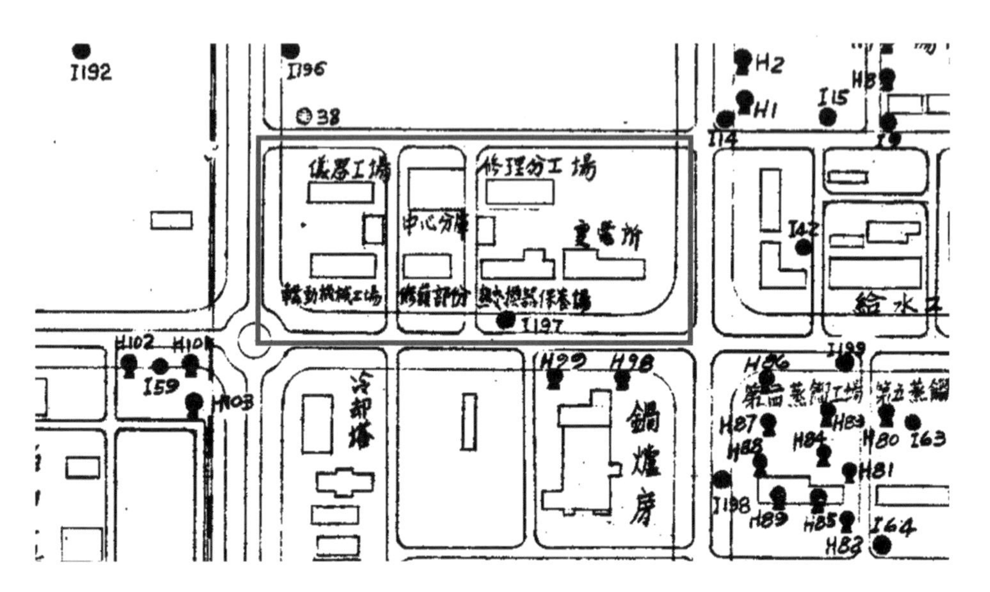

高廠於原接分場址建轉動機械等工場（紅框處，1961 年高廠平面圖局部）
© 中油公司煉製事業部

1953 年起，政府推動四年經建計畫，社會漸趨安定，油品需求日增。為滿足社會需求，高廠進入設備更新及擴大階段，各類工場陸續興建。鑑於工場數不斷增加，為能確實掌握有效的先期維護，高廠於 1957 年，在工場區內原接觸分解場址及鄰近區域，興建「轉動機械」、「儀器」、「熱交換器保養」、「修理分」等修護工場。

1975 年，籌建四年，緊鄰原接分裝置場址的「第二輕油裂解工場」（二輕），完成試爐。1983 年為解決柏油過剩問題，高廠拆除上述轉動機械等修護場所，建「殘渣油氣化工場」，製造氫氣、一氧化碳及合成氣，供下游工廠使用。1987 年中油宣布興建「第五輕油裂解工場」（五輕），爆發後勁反五輕事件。1990 年五輕裝建，政府承諾 25 年後遷廠。1994 年，五輕正式生產，二輕停工。2015 年高廠全面停產，存在逾四分之三世紀的煉油工業退出半屏山。

2017 年殘渣油氣化工場拆除，進行土壤整治。這塊日治時期曾立足「接觸分解」，戰後興建修理工場，與高廠有著近世紀牽連的土地，正式脫離煉油體系，僅留文獻、紀錄供人探詢。

2021 年上半年，幾經轉折，功成身退的五輕工場，開始拆除。下半年，科技大廠進駐高廠的傳聞成為事實。這項消息的確立，不但宣告了高廠舊有紋理將被快速打破。未來，這裡也將被打造成高雄最重要的半導體產業聚落。[15]

八、重回

筆者已經一段時日未踏入工場區，那天重回，眼前已是石礫滿地，雜草叢生。雖努力說服自己，抑制情緒，但面對此番景象，終究難掩心中惆悵。那是因為不想，也不敢面對已從記憶中出走的那份熟悉，也是不忍七十幾年歲月所形成的風貌，就將隨老樹移植、土壤翻攪，崩解在北風之中。

走一趟重回「621」的歷史之旅，你會發現，從當初六燃為生產航空汽油裝建熱裂與接分裝置，再到高廠因增產石化原料興建五輕等工場，背後都有一群日以繼夜為廠打拚的人們在默默支撐。如今，物換星移，人已散去，熱裂、接分與五輕，也在時程遞換中，分別走過它們無法重回的一生。

向晚，空曠廠區迴盪著噠噠的機器聲，工人們還在為土壤整治，加緊趕工。是該道別了，臨走，只能期盼今日過後，明天會更好。閉眼想望，也願時間能沖淡過去所有哀愁，科技新廠亦能流傳屬於此地的故事。至於發生在「621」那個年代及戰後的一切，除已確定保留，其餘的就讓它隨夕陽落下吧！

本文曾刊於《高雄文獻》第 12 卷第 1 期，2022 年出版前改寫

註｜

1. 林身振、林炳炎編著，黃萬相譯，《第六海軍燃料廠探索》，頁 117。
2. 林身振、林炳炎編著，黃萬相譯，《第六海軍燃料廠探索》，頁 124。
3. 裂解（Cracking），煉油方法中，將分子較大的碳氫化合物，於高溫、高壓、觸媒等作用下，斷裂分解成許多分子較小的碳氫化合物，即為裂解，一般可分加熱裂解及觸媒裂解。前者係將蒸餘油或重油經減黏及焦化製程，轉成較輕質或價值較高的產品，後者則利用觸媒將較重的油料裂解成汽油，以取得較多的輕質油料，例如將燃料油裂解成汽油等，其目的在調節油料供需並增加油料價值。
4. 林身振、林炳炎編著，黃萬相譯，《第六海軍燃料廠探索》，頁 121。
5. 玉串（Tamushi）奉奠，日本神道儀式之一。Tamushi，指崇拜者和祭司在神道儀式前奉獻神聖的禮物，用榕樹或其他常綠樹木的枝條紮成，做為在眾神之前獻祭的禮物和用作神殿禮物的串。玉串奉奠是日本神道教不可缺少的儀式，舉凡參拜神社、拜祭、婚禮、竣工、節日等場合，以祈禱每一個願望皆能成功實現。
6. 林身振、林炳炎編，黃萬相譯，《第六海軍燃料廠探索》，頁 271-272。
7. 許安靜，《台灣少年吔：阿公の故事》，頁 127。
8. 林身振、林炳炎編，黃萬相譯，《第六海軍燃料廠探索》，頁 359-360。
9. 林身振、林炳炎編著，黃萬相譯，《第六海軍燃料廠探索》，頁 214、242。
10. 林身振、林炳炎編著，黃萬相譯，《第六海軍燃料廠探索》，頁 221。
11. 林身振、林炳炎編，黃萬相譯，《第六海軍燃料廠探索》，頁 311。
12. 胡巨川，〈詩酒簃隨筆（七）〉，《高市文獻》，19（1）（2006），頁 87、99。引自林身振，知音樂園，〈半屏山洞窟工場 3 之 3〉。資料檢索日期：2021 年 12 月 10 日。網址：http://scl-chiche.blogspot.com/2013/11/33.html。
13. 中國石油股份有限公司，《三十五年來之中國石油公司》（臺北：中國石油股份有限公司，1981），頁 94。
14. 中國石油股份有限公司，《中國石油工業史料影集》，頁 101。
15. 高雄市政府經濟發展局，2021 年 11 月 10 日新聞稿指出：「搭配周邊封測大廠日月光、華邦電、穩懋等，讓楠梓成為科技新聚落樞紐，往北與南科、路科及橋科結合為新興半導體製造聚落，往南與仁武、大社、林園、小港等半導體材料與石化聚落，整體串聯成南部半導體 S 廊帶。市政團隊用緊緊緊的精神，突破層層困難與限制，化不可能為可能，把煉油廠變科技廠。」高雄市政府經濟發展局，〈歡迎台積電投資高雄　市府緊緊緊總動員推動城市轉型　實現南部半導體Ｓ廊帶樞紐〉（2021 年 11 月 9 日）。資料檢索日期：2021 年 12 月 8 日。網址：https://edbkcg.kcg.gov.tw/News。

蒸餾、熱裂與重組
1950、60 年代的高廠煉製光影

一、前言

1946 年 6 月 1 日，中油公司於上海成立，由賓果就任接收後的高雄煉油廠首任廠長，積極展開戰後重建。關鍵的 1950 年 5 月，賓廠長因研發 80 號汽油，不幸因公殉職，高廠痛失一位優秀煉油人才。當時除已著手修復日人所遺第一及第二蒸餾工場外，其他煉製設施亦在既有基礎上，由後繼者持續擴展完成。

1952 年完成熱裂裝置試爐，1953 年起，配合政府推動四年經建計畫，全面展開煉製設備更新及擴充計畫，興建觸媒重組、觸媒裂解等。這些在 1950、60 年代，高廠重建與更新階段具代表性的設備，讓高廠得以在配合國家政策與滿足社會需求聲中，站穩發展腳步，繼續往前。

二、煉油的基礎．蒸餾工場

蒸餾（Distillation），是煉油工業的基礎。由於碳氫化合物依分子大小及重量，會有不同沸點，蒸餾就是利用此原理，以加熱方式將原油中不同成分分成石油氣、汽油、煤油、柴油及重油等。這些初步分離的產品可再經加熱裂解、觸媒重組等製程，生產不同成品。

戰後，從復舊、重建到更新、擴充，高廠為提供各級製程所需，先後建有第一至第八蒸餾工場，其中第一、第二蒸餾為修復日人所遺，第三至第八蒸餾則是由高廠自行設計與建造（第六蒸餾基本設計為日本千代田公司），展現令人刮目相看的設計能力。1976年仍屬高（總）廠的大林蒲分廠——今大林煉油廠，興建第九蒸餾工場（現已編至第十二蒸餾）。持續發展的大林廠，現已取代停產的高廠，成為南部煉油重鎮。

六燃時期代號為620-1、620-2的第一及第二蒸餾工場，二戰時遭盟機轟炸受損。由於蒸餾為煉油工業基礎，為完成復建，必須先修復蒸餾工場。1947年，利用廠內庫存材料，先行修復損壞較輕的第二蒸餾工場。第一蒸餾工場則因蒸餾塔及加熱爐等主要設施均直接中彈，受損嚴重，列為第二順位。當年為完成重建只好拆卸接分裝置加熱爐及其他現有設備，「其重建工程之艱苦，遠甚於新建。」[1]

1947年4月，日煉量6千桶（後擴增為1萬桶）的第二蒸餾工場修復完成，以因受二二八事件波及而暫存苓雅寮的中東原油作為試爐進料，此為我國提煉外國原油之始，也是高廠煉油重要新里程。此外，當年底亦自行設計改建接收自日人，以生產柏油為主的真空蒸餾工場。

1948年第一蒸餾工場完工，日煉量為6千桶，後增至1萬桶，1963年再擴大至1萬5千桶。兩蒸餾工場的產品有汽油、煤油、柴油及燃料油等。經過二十幾年運轉，第一蒸餾及第二蒸餾，因設備老舊，分別於1975年及1972年汰除。

第一、二蒸餾工場完工後，仍感不敷所需，廠方決定增建新蒸餾工場。1953年由高廠工程人員自行設計，利用現有器材興建第三蒸餾工場。1955年正式投產，煉量為每日1萬桶，1964年再擴大為1萬8千桶。

三、熱裂裝置

熱裂，即加熱裂解之意，係將蒸餘油或重油經減黏及焦化製程，轉成較輕質或價值較高的產品。高廠熱裂裝置始建於日治時期，惟當時並未建造完成。戰後蒸餾工場復工後，為解決重油滯銷，增產汽油，決定修復熱裂裝置，高廠《廠史》記載：

> 在第二蒸餾工場的西側，是日據時代尚未完成的熱裂工場，接收後曾與環球油品公司訂立合約，由該公司負責設計，補購所缺器材，訂約後環球油品公司曾派人來廠調查日人遺留器材，能使用者，儘量利用，修復工作則自力進行。[2]

《第六海軍燃料廠探索》第 30 頁，熱裂工場（Thermal Cracking Unit）一節：

> 現行的重油裂解工場在第六海軍燃料廠稱做接分工場（？）就是裂解工場，後稱熱煉工場。1945 年接收後始終努力建設裂解工場，先後耗費美援五十萬美元，補充重要機件並取得美國環球油品公司（UOP）技術協助。[3]

1974 年興建中之第八蒸餾工場
© 中油公司煉製事業部

1949 年，每日可煉重油約 4,500 桶的熱裂工場修復完成。隔年，由環球油品公司派員協助試爐，卻因爐溫提升過快，導致爐管爆裂、燒毀而中斷試爐。當時因外籍工程師回國，廠內缺乏有經驗人手，重新試爐乃成為高廠重建過程中最艱困的工作之一。後幸賴全廠上下戮力以赴，前後歷經八次開停爐，終於在 1952 年完成試爐，順利產出 80 號車用汽油及 1 號噴射機燃油。

汽油在引擎燃燒的抗爆震程度通常以辛烷值表示，辛烷值越高代表抗爆震能力越好。復建初期，廠裡因尚無測定辛烷值設備，故第一、第二蒸餾所產直餾汽油性能，根本無從知曉，只能以「經試用後感覺上大約為 50 號」向公司報告，[4] 或以加汽油精方式勉強達到 70 號車用汽油標準。

此結果顯然與賓廠長時代所欲達成的 80 號目標，還有一段距離。因此，熱裂工場的試爐成功，便格外具有意義，其不但將當時高廠的製造能力往前推進，也增強了工程與技術人員在操作與設計上的自信。

之後為配合國家政策，高廠展開設備更新及廠區擴充計畫，同時引進媒組、媒裂等新型煉油裝置，以提高汽油品質與產量。熱裂裝置在媒組、媒裂工場相繼開工後，功成身退。原有設備改為減黏裝置，後再添加部分設備，1959 年成為蒸餾與減黏兩用工場，稱第四蒸餾工場。

四、媒組工場

1953 年起高廠展開設備更新及擴充計畫，興建觸媒重組工場為其中之一。「觸媒重組」係利用觸媒反應，將低辛烷值輕油轉化成高辛烷值汽油的重要製程，亦為加氫脫硫等製程的氫氣來源。為增產汽油及提高產量，中油公司於 1954 年與美國大西洋煉油簽訂合約，興建觸媒重組（媒組）工場。

第一媒組場址位於東門附近，為六燃時期化驗室所在。當年開工時所留照片

1. 第一媒組工場開工照片之一 © 中油公司煉製事業部
2. 第一媒組工場開工照片之二 © 中油公司煉製事業部

1｜2

有如下說明：「民國四十四年，第一媒組工場正式開工之情況，後面叢林地帶原為日據時代的化驗室在戰時被炸成平地。」及「民國四十三年起，高雄煉油廠更新計劃開始，這是更新中的第一套設備（第一媒組工場）。」[5]

1955 年高廠設備更新階段首座新工場「第一媒組工場」完工，生產可普遍供應全省的 80 號高級汽油。所產因市場需求增加及社會對辛烷值要求不斷提高，高廠決定增建第二座媒組工場。

第二媒組工場於 1962 年 3 月動工，同年 10 月完成試爐，展現工作團隊的超高效率。1966 年 6 月，中油公司宣布：「將普通汽油之辛烷值自 70 號提高至 79 號，高級汽油自 80 號提高至 91 號，售價照舊。」[6] 至 1968 年，第三媒組工場完成時，辛烷值已可達 95 號。

五、歷史的「重組」

當時第一媒組工場為進料脫硫所需，另建加氫裝置，1961 年經擴展後成為第一加氫脫硫工場。儘管後來第一媒組工場移往嘉義，高廠也陸續興建多套媒組及加氫脫硫工場，但仍可知當年的壓縮機房及部分設施，並未因歲月淘洗而消失，反而被保留繼續使用。至關廠時，其資產帳上所載，二層的為「媒組壓縮機房控制室」，右側則為「第四加氫脫硫控制室」（如本頁圖）。

關廠後的高廠，廠房陸續拆除，管線、塔槽消失，外表滄桑的第一媒組壓縮機房，毫無遮掩地呈現世人眼前。當初高廠文資議題浮現時，為提供文化主管機關 50 年以上建物資料，筆者拍下五十幾年來容顏幾無改變的壓縮機房，這令人彷佛置身 1950 年代的畫面，成為高廠設備更新階段的重要見證。

一張老照片，勾起一段舊時光。從黑白到彩色，由絢爛歸平淡，工場歲月一如人生，隨時充滿變化。具指標意義的第一媒組工場，早隨高廠落幕，逐漸為人淡忘。曾扮演重要角色的壓縮機房與控制室，如今也已消逝在無情時空。

獨望舊照中的遠方山巒，再看看已人去房拆的廠區，昔日第一媒組工場的輝煌身影，似成停格膠卷。至於那段無法「重組」的歷史，恐怕也只能穿越時空，拼湊失落的片斷了！

2018 年的媒組壓縮機房與控制室（已拆除）

六、命運青紅燈

1968 年，接收後最先修復的第二蒸餾工場，因煉量低、設備老舊而拆除，原址改建為第五蒸餾工場。由熱裂裝置改建的第四蒸餾工場，亦因同樣原因遭致拆除，原址於 1974 年改建為第八蒸餾工場。

1975 年，被同仁稱為「第一重組」的第一媒組工場，在完成階段性任務後，被拆遷至時為高廠所轄的嘉義分廠，繼續度過下半生。第三蒸餾則於 1978 年拆除後，原址於 1979 年與第一蒸餾同時改建為第四真空蒸餾及第一真空製氣油加氫脫硫工場。

1987 年中油宣布興建第五輕油裂解工場，爆發後勁反五輕事件。1990 年五輕裝建，政府承諾 25 年後遷廠。2015 年，高廠因履行五輕動工承諾而關廠。第五蒸餾工場與第八蒸餾工場，也因此於 2017 年拆除。這，就是它們的命運！

七、煉製光影

蒸餾，提供煉製工場基礎用油，熱裂，率先達成 80 號汽油的目標，接續完成的媒組工場，則將辛烷值持續提升 90 號。

1950、60 年代開創高廠煉製風貌的，當然不只蒸餾、熱裂與重組。還有那有著 260 餘呎高聳塔架的媒裂（1956）以及硫磺（1958）、烷化（1959）、第二加氫脫硫（1961）、輕油回收（1963）、中海潤滑油（1965）、第一輕油裂解（1968）等工場。它們各有自己的路程，當然也各自領有數年風騷。而它們所留下的歷史，就像是一道道閃爍在時光長廊上的光影，短暫卻也永恆。

孟仁草趁虛而入的
第八蒸餾工場舊址

那天，重回油人生涯中曾經駐足的第八蒸餾，操作弟兄們早已因外調他廠而不見身影，高聳塔槽與密集管線更因拆場而渺無蹤跡。一陣風揚起了舊場址的塵土，幾條流浪狗來回走動著，已夷平的土地上，孟仁草趁虛而入，恣意生長。這，就是曾在不同時期扮演重要角色的煉製場址寫真，夠淒涼吧！

回望滿布石礫的廠區，心情頓覺無限沉重，往後該如何看待及解讀？在我心中或已有定見，你呢？

註｜

1. 高雄煉油總廠，《廠史》，頁 170。
2. 高雄煉油總廠，《廠史》，頁 171。
3. 林身振、林炳炎著，黃萬相譯，《第六海軍燃料廠探索》，頁 30。
4. 高雄煉油總廠，《廠史》，頁 171。
5. 高雄煉油廠，煉油陳列館館藏照片說明。
6. 高雄煉油總廠，《廠史》，頁 199。

水道・電力・鍋爐房
高廠的動力公用系統

一、前言

經過七十幾年發展，巔峰時期擁有 46 座工場，產品涵蓋輕、重質油品與石化原料，曾列名世界重要煉油廠的高廠，因政策因素結束精彩一生。不斷精進過程中，始終以最高品質提供最大服務，在產量及技術上亦屢創佳績。這些好表現端賴煉製、公用、儲運及修護、行政等各部門互相配合，始竟其功。

停產後，面臨開發與保留的競逐，外界對後高廠時代的空間利用，也各有不同主張。塵埃落定的 2021 年下半年，科技大廠確定進駐，市政團隊信心滿滿地表示，將突破層層困難與限制，化不可能為可能，把煉油廠變成科技廠。面對原要花十幾年才能整治完成的土地，最終能讓科技大廠答應進駐，除大幅縮短整治時程外，高廠具有能穩定供應水電的優勢，恐怕才是主要關鍵。

本文用以為題的「水道・電力・鍋爐房」，指的即是在煉油工業中扮演重要角色的水、電、蒸汽等公用系統，長期以來即為高廠能源提供者，生產原動力。由於關廠緣故，其功能已因業務減縮、組織合併而銳減。儘管煉製、輸儲等已不再運作，屬於公用系統的發電工場也已拆除，但廠內因仍有中油公司及其他派駐單位於此辦公，依舊存有用水、用電需求。因此，現負責供應的操作組，乃成工場區內少數正常運轉的部門。

第一輕油裂解工場 © 中油公司煉製事業部

二、高廠的產業背景

戰後的高廠，自 1946 年起積極復建，陸續完成長途油管鋪設，日治時期第一、二蒸餾、熱裂及化學處理等工場修復，並改建真空蒸餾工場，生產柏油。

社會漸趨穩定下，市場油料逐步得到滿足，對汽油品質要求隨之增高。1953 年起，高廠興建媒組、加氫脫硫與媒裂等工場。接著第三蒸餾、減黏裝置、輕油處理、硫磺回收、硫酸生產、烷化航空汽油、潤滑油摻配及石油焦等工場相繼成立。1968 年高廠興建第一座輕油裂解工場（一輕），生產乙烯等基本原料，供應下游石化工廠。自一輕誕生，臺灣正式進入石化業時代。1974 年配合政府推動十大建設，高廠興建（林園）石油化學工場。

為因應多樣化產品需求，配合生產設備擴建，高廠同時積極布建水、電等公用設施及儲槽、管線等儲運系統。舊有煉製設備亦逐步為新式製程所取代。

1987 年戒嚴解除，黨禁、報禁開放，社會運動風起雲湧。同年，中油宣布興建第五輕油裂解工場（五輕），因後勁居民強烈反對，延誤近三年工期。1990 年五輕動工，高廠發展達於巔峰。2015 年配合政策，高廠熄燈，走入歷史。

三、公用物料與動力系統

「動力」一詞，源於生產中、高壓蒸汽之動力工場。由於蒸汽係由水生成，汽電共生設備亦以蒸汽發電，故本文副題借「動力」為水、電等公用系統代稱。

煉油工業中，水、電、蒸汽分別扮演不同角色：水就如同工業泉源，電為工業命脈，蒸汽則是工業原動力，缺一不可，是確保工場順利運轉的動力來源，也是得以穩定操作的核心，是油品產製的重要參與者。

高廠水、電、蒸汽等基礎設施，多建於日治時期。部分設備因戰事受損，於戰後陸續修復及增設。至 1980、90 年代，舉凡水的處理與供給、電力供應、自我發電及蒸汽生產等各系統的發展皆臻成熟。為確實掌握各種公用物料，高廠成立供電中心、空氣中心、冷卻水塔及鍋爐與發電系統等專責部門，用以規劃、生產、供輸及調配各項公用物料。儘管已關廠，但目前仍留有給水、供電等專責人員，持續為後高廠時代提供必要的能源服務。

四、動力工場

動力工場，日治時期稱「原動缶」（代號 618），戰後改稱「原動力工場」又稱「鍋爐房」，屬工務組。1955 年改隸製造組後正名為「動力工場」，主要供應各工場生產所需之蒸汽。接收初期僅兩座低壓燃煤鍋爐，後陸續增設中、高壓鍋爐，並規劃燃油、燃氣鍋爐及汽電共生等發電設備。

關廠後不再運轉的動力工場，於 2020 年著手拆除，只留下特殊的氣動儀器，為我們訴說往事。關於動力工場的故事，亦可見本書第一單元〈時代過渡者：林水龍前輩的年輕素描〉文。

五、給水系統

煉油廠運轉需大量用水，穩定取得水源格外重要。六燃時期經過調查與規劃，決定自 21 公里外的高屏溪畔設站取伏流水，並敷設輸水管線，引水至半屏山麓。

此一由大寮至六燃的輸水系統，稱工業用水道，由高雄海軍施設部負責施工，1944 年完工，每日約可供應工場及宿舍 5 萬噸用水。二戰期間受美軍轟炸，損壞嚴重，1948 年由中油公司修復後，始恢復供水。

位於高屏大橋南側的取水設施，稱「大寮水源站」，源自高屏溪伏流水。當

1. 日治時期建造之大寮水源站地下泵水設備
2. 日治時期設置之大寮水源站地下儲水池
3. 大寮水源站泵房　4. 總廠時代之大寮水源站名牌

1 | 2
3 | 4

年於溪底 9 米深處埋設水管，經層層天然級配過濾，取出純淨原水。後因河川水文改變，伏流水減少，今已改採地下深水井取水。現大寮水源站仍留有二戰期間的紅磚取水井與鑄鐵管，這些見證六燃與中油水道開發的設施，彌足珍貴，值得保存。

另入口設於六燃廠內之半屏山配水池，為當年日本為供應海軍廳舍、宿舍及碼頭等而建的海軍（飲用）水道，其水源則來自大樹高屏溪伏流水。此一中油人稱為地下水庫的配水池，在塵封七十年後，於 2017 年 12 月曝光。對山林之內竟藏有如此規模的地下水庫，引起各界震驚。

1. 1973 年的給水工場 © 中油公司煉製事業部　2. 揚水泵房　1 | 2

遙想七十年餘前，此一跨區引水系統，所經之處盡為田野，如今則已聚落密集，路線也因輸水管線所經而取名為「水管路」，為地方文史增添一處事跡。

為調節用水，日人於半屏山腰建有 7,500 公秉之馬蹄形露天儲水池一座。此座標示於 1944 年美軍測繪圖的山腰儲水池，係利用半屏山高低差，以重力調節供水，由此設施可窺見日治時期之供水技術與思維。為發展所需，高廠另於揚水泵房建 7,000 公秉及 10,000 公秉兩座地下儲水池，可視需要泵水至煉製工場或儲存於山腰水池。此三處水池因見證日治迄今的水資源利用，均已被列高廠歷史建築。

經「大寮水源站」泵回半屏山麓揚水泵房之純淨原水及廠區開發的地下水源，分別由給水工場供應煉製工場所需工業用水及提供水處理工場原水，以進行飲用水、純水、軟化水、鍋爐進料水等用水處理，每日約可供水 35,000 噸。[1]

處理後之冷卻水提供工場冷卻水塔循環用水，另有遍布廠區的高壓消防水作為火警消防用途，飲用水則提供廠區及宿舍區使用。飲用水以石灰淨水技術處理，常年以來水質檢測值均優於自來水廠。高廠因用水充足，水質穩定，缺水期間還可供應鄰近社區，使其不受限水影響，不僅自給自足也敦親睦鄰。

從高屏溪取水到最終廢水排放，高廠從取水、輸水、淨化處理、製造純水、飲用水及後端廢水等，已發展出完整處理體系。工場雖已停止運轉，然因業務區仍有用水需求，目前尚使用中的給水裝置，便成為廠內少數保存完整的操作系統。

六、球形水塔——高廠精神地標

供水系統中，除工業、消防等各類用水外，民生用水亦為重要一環。由於業務發展快速，人員進用倍增，全廠飲用水水壓及水量漸感不穩。為調節尖、離峰用水需求，高廠於1962年初籌建高架水塔，同年11月完成吊裝。

高35公尺，約可儲水400公秉的水塔，除球體由台造船公司沖壓成形外，其餘皆為高廠自製，充分展現自給自足精神。建成之後，不但供水不穩問題得到解決，廠內也因而增添一處新景觀。經過六十年，矗立於中山堂前，球體繪有火炬圖案的高聳水塔，早已成為高廠精神地標，也是高雄市政府文化局列名登錄的歷史建築。

高廠地標——球形水塔

七、供電系統

為達成供油任務，六燃高雄廠於 1943 年設置第一、二號燃煤鍋爐及一座「緊急變電所」（即臨時變電所，代號 610），以供應工場生產所需。此臨時變電所又稱「假變電所」，「假」相對於「真」，為「臨時」之意。當初因迫於戰事緊急，正式變電所不及完成，故先造「假」以為因應。

依高廠《廠史》記載，二戰期間因供電設備遭盟軍轟炸，電力改由地下電纜輸送，並規劃於半屏山建地下變電所，惟尚未完工，戰爭即已結束。1946 年，高廠利用日人所遺半屏山地下變電所器材，於原址重建變電所。據第一變電所退休領班陳木金先生口述，當時曾由班長帶頭拉線做面板，安裝表頭銅片配電盤等，足見復建時期人力、物力之艱困。

復建時期的高廠電力，由楠梓變電所 3.3KV 地下電纜，經臨時變電所分至各工場及宿舍使用。1948 年新變電所完成，改由高雄變電所 33KV 受電，供電至給水、蒸餾、半屏山及東、西動力、辦公廳舍、宿舍等幹線，成為高雄與楠梓兩個變電所雙迴路受電。「假」（臨時）變電所功成身退，拆除。

現被列為歷史建築的供電工場第一變電所，為當時高廠工場區內唯二磚造二樓建築（另一為紅磚屋）。內現仍存有六燃時期建置之變電系統匯流排，見證高廠日治迄今的供電技術與發展。

隨著油料需求日益殷切，高廠除煉製方面引進新式製程、增加環保投資、提升人員操作素質外，設備亦不斷更新。電力方面，從早期油斷路器到容量較大、穩定性較高的氣體斷路器，先進的高壓斷路器等。供電工場除磚造第一變電所，亦增建第二、三變電所及 69KV、161KV 等變電所。用戶饋線，則由日治時期第一變電所的 4 組增至 32 組，加上高廠全盛時期 46 座工場的高壓配電中心、宿舍區、總辦公廳及修造廠等，饋線總計超過百條，裝置容量與穩定配電大幅提升。

1993 年間，配合台電升級，規劃廢除由社武一次變電所到高廠的高架高壓電塔，改採地下。從此，廠區內極目所望不見一根電桿，高廠內外電塔更成絕響。

停產後的高廠，用電需求大幅降低，汽電共生系統不再發電。近期為配合土壤整治，曾為高廠明顯地標，紅白相間的動力工場煙囪及廠房也已拆除。但細數高廠供電系統，從電力恢復、提升到設備更新、穩定供電，讓高廠電力由 1,000 瓩躍升至 180,000 瓩，成為與台電一次變電所同等級的供電系統，適足說明供電工場所具有的重要地位。

八、異地保存——第一變電所

2020 年，高雄市政府文化局審議高廠文化資產，共指認 1 市定古蹟、40 處歷史建築。擁有日治時期變電設備、檜木地板、室內磚牆及木框玻璃窗，頗具

1. 高廠第一變電所內部一景　2. 1955 年之供電工場第一變電所 © 中油公司煉製事業部　1 | 2

歷史感的第一變電所，以編號 S05「供電工場（原變電所）」，列為歷史建築之一。[2]

2021 年下半年，科技大廠進駐成為事實。為配合土壤整治與相關產業引進，位於廠區中心點的第一變電所，隨即面臨產業發展與文資保存的衝突。同年 9 月，高雄市政府文化局邀集文資審議委員、所有人（中油）、有關機關（高雄市政府工務局、經濟發展局、環保局及楠梓區公所）等，召開古蹟歷史建築紀念建築及聚落建築群審議會，以決定幾十年來為高廠費盡心（電）力的第一變電所去留。

幾經討論後決議：第一變電所主要核心價值的日治時期匯流排，1990 年代斷路器等設備移出異地保存，名稱也由原「供電工場」修正為「供電設備」。至此，會議有了大家都可接受的答案。日後，建築將會拆除，相關設施則保存於同具歷史建築身分的六號倉庫，等待有緣人隨時造訪。

九、結語

高廠源於日治時期第六海軍燃料廠，戰後由中油公司在廢墟中重建，七十餘年來，始終伴隨臺灣經濟成長，也成功扮演穩定能源的積極角色。今，高廠雖已熄燈，多數煉製設備亦因土壤整治而拆除，但仍為見證我國石化產業發展的重要場域。環顧偌大廠區，除零星建物外，尚未被完全處分的，即屬前述水、電系統及部分輸儲、廢水處理等設備。

昔日繁華，如今歸於平靜。當廠區已無工場可供印證當年榮景，目前仍運作中的水、電設備，隱然已成現階段高廠的產業代表。對角色已被重新設定的高廠來講，有關水電供應的記述與產業遺跡的保留，[3] 就像是灰暗中所透出的亮光，讓我們在一片拆除聲中，仍能清晰地回望高廠過往的發展方向，也能替那段已漸褪色的歲月，填補色彩。

未來，新的產業進駐後，水電系統，想必仍會繼續擔任要角。至於開發與保存之間的衝突，最終雖會因一方妥協而獲解決，但背後所突顯的文化資產保存困境，恐怕才是未來你我再次面對高廠文化資產時，所必須關注的。

註｜

1. 1976 年因業務之需，由「給水工場」另分出「水處理工場」。
2. 高雄市古蹟歷史建築紀念建築及聚落建築群審議會 109 年度第 6 次會議紀錄可參考 https://reurl.cc/60ro1k。
3. 高廠 40 處歷史建築文化資產中，與水、電等動力系統相關的有：球形水塔、供電工場（第一變電所）、第一泵房、第二泵房、7,000 噸水池、7,500 噸水池、10,000 噸水池及水池維護道路等八處，占五分之一。

火車・火車行到何處去
高廠的鐵路運輸

投產順暢與否，攸關工廠運作，為使貨暢其流，靈活的生產排程，流暢的運輸調度，缺一不可。

石油產品以液態汽、柴油等為主，運送方式不外管線與車輛。早期，鐵路為高廠重要運輸方式，繁忙的油罐火車曾來回穿梭於廠區與左營驛站之間。頻繁進出的列車、響徹雲霄的鳴笛，成為當時高廠的日常，廠區現存多處鐵道遺跡及相關設施，也為這段鐵路運輸留下歷史見證。

一、火車與產業

臺灣鐵路，始於清領時期。當時由臺灣首任巡撫劉銘傳奏准，興建臺北至基隆間的鐵路（1887），此為臺灣鐵路運輸之始。日治時期，因農、林、礦產

鐵道設施為歷史留下見證（圖為止衝擋）

等所需，陸續鋪設各專用鐵路，臺灣鐵路進入迅速發展時期。1908 年縱貫鐵路全線通車，火車成為當時人員交流、物產運輸主要交通工具。發展已逾百年的臺灣鐵路，現已進入時速可達 2、300 公里的高速鐵路時代，與原有之台鐵縱貫線各級列車，共同為國家運輸重任，繼續努力向前。

工廠設立，從原料投入到成品產出，除須對質量嚴格把關外，如何依用戶需求，將成品安全、快速送達，也是企業經營重要課題。高廠作為全國最大軍民用油供應者，確保油料運送順暢，長久以來即為各級長官所重視。

戰後，臺灣從復建至經濟起飛的各個階段，高廠全力配合國家政策，供應各類油品及石化原料，更使臺灣經濟發展名列亞洲前茅。當中除前端煉製、公用及維修、材料供應等支援系統外，密集的輸儲網路亦為不可或缺的一環。除現行油罐汽車、管線輸送，鐵路運輸亦曾占有重要地位。

二、舊城驛鐵路支線

二戰後期，日人雖已決定將第六海軍燃料廠落腳於左營半屏山下，但以當時的條件，欲在原為蔗田的土地興建廠房談何容易。首先，除須克服農地所帶來的風沙外，交通運輸也是個大問題，尤其建廠重要設備多係大型物件，搬運更是困難。

《第六海軍燃料廠探索》記載，當初機具、塔槽等器材係於日本製造，利用輪船運至高雄碼頭，再以鐵路接駁至舊城驛，經舊城驛分歧出全長約 4.8 公里的支線，運往六燃廠。廠內並設有大型調車場與機務段，鐵路沿線並植樹以為掩蔽。

高廠運送資材的鐵路

「舊城驛」，又稱「舊城乘降場」，1900 年開始營運。舊城驛除通往六燃的「煉油廠」支線外，另建有連接左營軍港的「桃子園」支線，此兩支線皆因軍需而設。左營軍港為古「萬丹港」所在，原為小型貿易港，後因淤積淪為小漁港。臨港的桃子園聚落於日治時期因闢建軍港遷村，萬丹港並經日人疏濬而成左營軍港。

南進為二戰時期日本重要政策，左營則為南進船艦基地，當初為建造軍港及煉油廠，從基地附近的舊城驛修築兩條支線，分別為往南的築港線及北側的六燃廠線。原為築港工事所需的「桃子園」支線，工程結束後改為運補軍需物資之用。國軍接收後成立海軍左營運輸站，增建月臺方便人員與物資轉運，稱「桃子園車站」，後因使用率低及附近眷村國宅改建，鐵道拆除，月臺則曾改建作為陸戰隊武器裝備展示場。

同為軍用支線的煉油廠線，用以運送六燃建廠資材。《第六海軍燃料廠探索》一書提到，建廠期間每日約有 40-60 輛貨車進出，約可載運 300-400 噸大型機具、設備等。台鐵在二戰期間引進由臺灣鐵工所製造的超大型「大物車」，便與這些機械運輸有關。至於其他貨物則賴卡車、牛車等運送，經廠內道路及牛車路往來鐵道支線、廠區工地與倉庫之間。

《典藏版鐵道新旅：縱貫線南段》一書另引述台糖高雄廠退休火車司機說法，謂日人亦曾借用當時的臺灣製糖株式會社（台糖）原料鐵道，運送六燃建廠機具及原料等。[1] 此一說法，由六燃時期負責成品運送的加藤賢二回憶文字亦可證實：「橋仔頭工場……所生產之醇，要經由穿越公司甘蔗園鋪設之軌道，用槽車送到六燃油槽，正需要在六燃修理工場附近大側溝架橋。」[2]

三、高廠的鐵路運輸

戰後隨著廠區擴建，油品運輸需求日增，時因高速公路尚未開闢，其他油管網路亦未臻普及，煉油產品多賴鐵路運送。中油在全臺如嘉義、桃園、高雄、花蓮等地，便有多條運油專用側線或支線。

日治時期舊城驛六燃支線，國民政府接收後，順理成章成為高廠重要產業專用鐵道，稱煉油廠線，後改稱「中油線」。本線於 1951 年納入台鐵調度，用以運送營業處駐高廠接運站之汽、柴、煤油及後來的苯、甲苯、二甲苯等。

1. 高廠 1950 年代的油罐火車 © 中油公司煉製事業部　2. 廠內殘存的火車鐵軌　1｜2

1. 火車修理房 2. 保留的鐵軌兩旁綠樹成蔭為高廠美麗景點 1 | 2

「中油線」除高廠使用外，半屏山石灰岩礦開採後，也在此線中途修築東南水泥與建台水泥專用線，故本線除進出高廠油罐列車外，亦可見往半屏山水泥廠的列車。高廠鐵路系統，亦設有直送下游石化廠之支線，如由楠梓站分歧的中國化學開發公司線，全長 1.2 公里，為橋頭油庫灌裝油料運送各地。

為應付繁忙的鐵路運輸業務，當時在高廠設有專用灌裝場、油罐火車修理場及負責拖運油罐火車至左營站之專職駕駛與隨車工作人員等。油罐火車駕駛由鐵路局代招代訓，結業測試合格後分至廠裡服後務。

1987 年 9 月 29 日，高廠開出之二甲苯油罐列車，於左營火車站與北上莒光號對撞，造成油罐車車頭全毀，中油司機殉職，多人輕重傷之重大交通事故。儘管發生憾事，但當年這些油罐火車的從業弟兄們，對維持高廠物流順暢，實亦扮演著重要角色。

中油接收六燃廠後，積極修復煉油設備，因尚屬建設初期，一般運輸車輛不多。1947 年，公司由上海運來車輛一批，高廠成立汽車修理工場。

隨著組織及業務擴展，新工場陸續興建，人員與物料運輸需求日殷，加上廠裡大量購置重機械、車輛及引擎、機具等。這些設備保養、維修均由修車工場綜理。故其不僅負責一般交通車輛、起重車輛及重機械、機具等維修，亦曾擔負油罐火車檢查及修理維護重任。

因油罐火車進出頻繁，相關度量、檢查、修護等業務量急速增加，當時負責油品供銷的營業總處，乃就近委託高廠處理。高廠於 1956 年成立油罐火車修理工場，此油罐火車修理業務於 1980 年併入修車工場。

1991 年，公司組織調整，煉製與儲運分開，油料改以管線等方式運送。復因當年翠華路通車，鐵路平交道管理困難，高廠於當年 10 月停止油罐火車灌運作業，鐵路運輸結束，油罐火車修理業務亦告終止。

灌運作業結束後，鐵道養護班、火車修車場、灌裝班及運輸班等解散，相關空間移作他用，如火車修理房改為倉庫，機務段作為交通車停車場等。復因開闢道路等因素，鐵道陸續拆除，當初肩負高廠重要運油任務的柴油機關車，亦於運務結束後，分別撥交橋頭油庫及台電林口發電廠、深澳發電廠。高廠長達數十年的油罐火車運輸作業，就此畫下完美句點。

四、鐵道遺跡

「火車火車　藏對佗位去　敧在山頂伴人在過暝　火車火車　藏對佗位去　去公園中教人講過去」，此段為羅大佑 1991 年歌曲〈火車〉中的歌詞，描述退役的火車頭，只能置於公園供人憑弔。目前高廠雖沒留下任何車頭或車廂，但仍保有一段約 150 公尺鐵軌，作為紀念。此段鐵軌，兩旁綠樹成蔭，是高廠最美的景點之一，也是拍攝婚紗熱門地點，其與多處鐵路遺跡[3] 及相關設施，共同綴起了那段繁盛的鐵道運輸歲月。

棚架以舊鐵軌搭建而成的
大型交通車停車棚

另，值得一提的是，目前停放大型交通車的車棚棚架係以舊鐵軌搭成，其外表雖已上漆，但仍隱約可見「UNION 1907」、「1920」等字樣。1907 或 1920，代表出廠年分，細究之下，原來在那物資缺乏年代，所有可用資源皆須充分利用，以出廠百年的舊鐵軌搭建車棚自屬必然，此舉不但劃出大型車停車空間，也意外保留屬於高廠的珍貴鐵道文化。

2018 年，中冶公司進行文化部委託之高廠文化資產調查，在調查報告書中，亦將此停車棚列入，[4] 並以其係由舊鐵軌搭建及隱約可見「UNION 1907」等字樣為特色，建議保存。

舊鐵軌隱約可見 1920 出廠年分

積極保留下，位於半屏山下的鐵道遺跡，現已成中油公司推動環境教育與保存文化資產的重要項目，其不但承載了高廠的開創精神，也連結了高廠的過去與未來。在一片拆除聲中，這些殘存的鐵道遺跡，所透出的一絲絲微光，讓我們在灰暗中尚可抓住些許的歷史脈絡，對高廠同仁來講，也是後五輕時代值得珍惜的記憶！

本文曾刊於《石油通訊》第 814 期，2022 年出版前改寫

註｜

1. 古庭維等著，《典藏版鐵道新旅：縱貫線南段》（新北市：遠足文化，2014）。
2. 林身振、林炳炎著，黃萬相譯，《第六海軍燃料廠探索》，頁 360。
3. 現存鐵道遺跡有廠三路與中華路口、注油工場隔音牆下、原中殼工場南側、半屏山公園及材料倉庫等處。
4. 該調查報告書中，與火車相關設施有：「柏油放置臺及鐵路」、「油罐車火車鐵道遺址」、「油罐火車修理房」、「交通車車棚」等。

路名
高廠的歷史標記

一、後高廠時代的文資保存

前身為日本第六海軍燃料廠（六燃）的高雄煉油廠（高廠），於2015年關廠後，進入了廠房拆除、土壤整治與土地再利用的後高廠時代。當時為眾人所討論的文資保存議題，亦在外界殷切期盼下，由主管機關及中油公司委託專家學者，進行產業歷史研究與文化資產調查，也留下不少珍貴資料。[1]

實體方面，在文史團體、專家學者及主管機關、中油公司等共同努力下，亦獲致相當成果，計保留廠區1處市定古蹟，40處歷史建築，宿舍區則有1處市定古蹟，1處文化景觀。文獻方面，除前述調查研究的建物設施價值評估及相關論述外，這幾十年來高廠其實也出版了幾冊的廠史及其他刊物。[2] 這些筆觸清晰的文字描述，不但加深高廠的歷史輪廓，也為城市留下幾抹鮮明色彩。

近年來，筆者有機會接觸高廠各類文化資產，過程中發現普遍立於廠區各主要路口的路名標示牌（路牌），其實也隱藏著高廠的發展密碼。解讀其所標示的路名變化與寓意，可提供我們以不同方向書寫高廠。

二、路名標示牌（路牌）

高廠關廠後，除供電、給水及廢水處理等仍維持運轉外，其餘已陸續進行廠房拆除與土壤整治。偌大工場區，在設備拆除後，整體風貌明顯改變，不但原本塔槽林立、管線縱橫畫面已不復見。空曠的場址因雜草叢生、礫石滿布，而帶有幾分蒼涼，但也讓原本少人注意的路牌，因少去遮掩而更為顯露。

此種普遍立於廠區各主要路口，水泥製，書寫著所在路名的標示牌，字形獨樹一格，頗具視覺美感，饒富趣味，與另存的鐵製路牌呈現各異其趣的樸實況味。其所具有的地名意義，更足為歷史見證，值得探索。

高廠路牌分水泥製及鐵製，鐵製現僅存於修造、材料倉庫及宏南宿舍區，其存在早於水泥路牌。水泥製為第二階段命名後統一製作，除賦予道路名稱外，綠底白字，大型字樣，立於廠區各主要路（入）口，相當顯眼。具方便日常洽公及緊急事件時，能順利、快速抵達目的地之辨識與指引（基本資料如附表）。

材質	圖樣	實測規格：單位cm
水泥		本體：呈梯形，120（長）×20；30（梯形上底；下底）×65（高）。 內框：綠底；長 104（長）×35（寬）。 字形：三字每字 26（高）×20（寬）；字與字間隔 12。
		本體：呈梯形；120（長）×20；30（梯形上底；下底）×65（高）。 內框：綠底；長 104（長）×35（寬）。 字形：四字每字 20（高）×16（寬）；字與字間隔 10。
		本體：呈梯形，120（長）×20；30（梯形上底；下底）×65（高）。 內框：綠底；長 104（長）×35（寬）。 字形：五字每字 16（高）×12（寬）；字與字間隔 7。

材質	圖樣	實測規格：單位cm
鐵製		位於修造廠區 離地面：120（高）。 框白底：80（長）×25（寬）。 字日本黑體：10（長）×10（寬）；字與字間隔 10。
		位於宏南宿舍區 離地面：120（高）。 框白底：80（長）×25（寬）。 字日本黑體：10（長）×10（寬）；字與字間隔 10。

三、六燃時期的道路規劃

1942 年籌設時，日本海軍係以四日市第二海軍燃料廠（二燃）為藍本，而為了在原為甘蔗田的農地上建廠，時任建設委員長的別府良三特別指示第一要務為建造馬路，並設定主要馬路寬度為 18 公尺。

曾任職二燃，負責主編《第六海軍燃料廠史》的高橋武弘，於 1943 年來到半屏山下參與六燃建設，回憶當時：

> 委員長把四日市建設之最重點放在設備之配置上。因為新煉油廠設

修護區的鐵製路牌

> 備要採高壓裝置，所以在防災上各裝置之間隔定為50公尺，道路寬18公尺，道路至裝置設定16公尺之空地。這在日本是第一次實施的計畫性規定。台燃也依據相同基準所設計。[3]

顯見目前廠區整齊寬廣的棋盤式道路及各工場間所必須的安全距離，早在日治時期即已規劃完成。另為運送建廠所需大型機具、器材，特別由舊城驛（今左營站）鋪設約4.8公里的鐵路支線至廠區。其他小型物件（及1噸以下物品）或廠區間、短距離之交通，則依賴卡車或牛車。

四、高廠的空間配置

面積約262公頃的高廠，設有東、西、南、北四門。廠區以前述鐵路支線（已拆除，現則以連接南、北兩門之道路）概分，以西為業務區，以東為工場區，

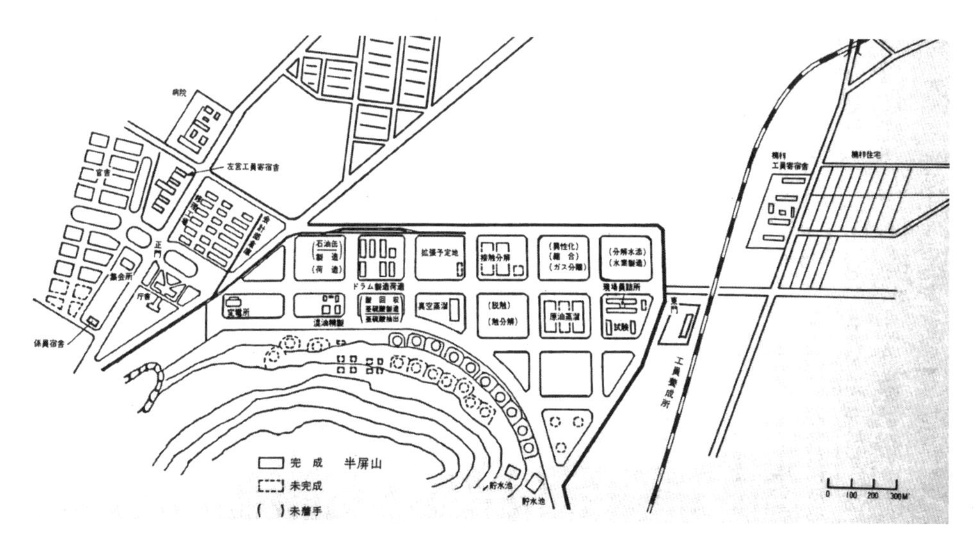

六燃高雄廠設施配置圖 ©《第六海軍燃料廠探索》

兩區之間有草坪作為緩衝，並以二道門為區隔。位於業務區的西門（大門）設有圓環，進門右側為行政辦公區，左側為倉庫及修護區。

工場區以筆直的東西向道路（中華路）為主要軸線，劃分南、北兩區塊，每區塊各有數個小區間，全盛時期的幾十座工場，就座落其中。走向與軸線約略平行的半屏山沿線，則分別規劃為油槽、給水泵房及綠地等。區與區之間有道路相互連結，形成綿密路網，路口兩端則設有路牌，以為辨識與指引。

空間紋理，由人、環境與社會交織而成。相較日治時期僅少數裝置運轉，[4] 戰後緊扣著臺灣政經情勢與社會脈動發展的高廠，不但各類工場陸續興建，行政支援單位亦大量擴充。不同使用空間的確立，逐步撐起了高廠的生產規模。這時在六燃時期已規劃完成，並具現代化城市表徵的棋盤式道路系統，也就成為空間有效運用的主要機制。

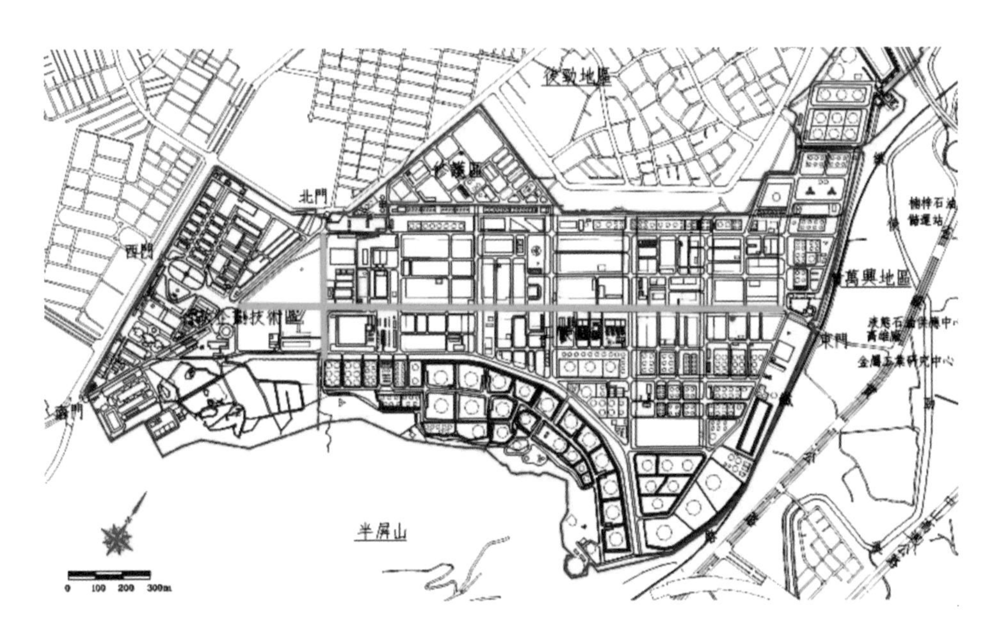

高雄煉油廠廠區平面圖（圖中綠色長軸為中華路，短軸為中山路）© 中油公司煉製事業部

回顧歷史，當年在戰爭威脅下，日本選擇於此建廠，除可就近供應左營軍港船艦用油外，其緊鄰半屏山，更有著對地形依賴的防衛需求，例如沿山腰配置消防用泡沫水槽、原油槽、重質油槽及利用山勢高低差的儲水池等。而在高廠時代逐漸形成的煉油王國，所有設備的沿用與擴充，基本上也承繼了這樣的思維，此對照六燃時期的設施配置圖及各不同時期之高廠平面圖，即可得到印證。

日治時期至今幾無改變的空間，深埋著近百年的歲月沉積，也浮現著高廠的發展圖像。經過七十幾年，在地盡其利下，這些逐步發展的空間，至少呈現下列特色：第一、善用既有道路和地形地勢規劃廠區；第二、廠內新闢道路構成有效的空間區隔，使得廠區層次分明；第三、以棋盤式道路區分不同空間，同時兼具危險管理機制。當然也使得往後的道路管理，顯得秩序井然。

五、路名形成與溯源

為溯源路名，筆者以廠區現存路牌為本，查閱並對照部分廠區配置圖及設計圖，發現早期圖面並未見路名，且常以箭頭標示方向，如往半屏山或往廳舍等，有趣的是有些甚至還以 A、B、C、D 等為路名代號。此或緣於戰後初期尚屬整頓階段，工場數少，僅蒸餾、動力等裝置運轉，道路命名尚非迫切。即便已進入設備更新階段（1953），有些新建工場周圍都還是空地，部分道路尚未開闢，更遑論命名。

而後隨著工場數日益增加，為方便廠區管理，廠方決定為道路命名並設置鑄鐵路牌。1967 年 7 月由設計部門繪製〈廠區路牌製造詳圖〉，上列路牌製造規格、材質、數量及當年已完成命名之工場區、業務區道路名稱等。

1956 年裝建中的工場四周仍為空地 © 中油公司煉製事業部

1990 年代，高廠決定興建五輕工場，鑑於廠區發展已呈現新風貌，廠方乃依據總務室「廠區道路重新更名研討會」會議紀錄，重新編定新路名，並於 1990 年 5 月繪製〈總廠廠區道路重新更名平面圖〉。1990 年 8 月，復依前圖繪製〈廠區總平面圖〉。至此，廠區道路重新更名大致底定，圖上所標路名也另以括號呈現舊路名，並註有「總廠廠區道路重新更名，有（　）者為原路名」等字樣。由於道路重新更名，工場區路牌材質也由原鑄鐵改為水泥製。

前述〈廠區路牌製造詳圖〉列有「中海路」，為「中海潤滑油工場」（1965）所在，為圖上路名相關工場最晚成立的。由此推知，第一階段路名應成於 1965 與 1967 年之間，重新更名則為 1990 年。

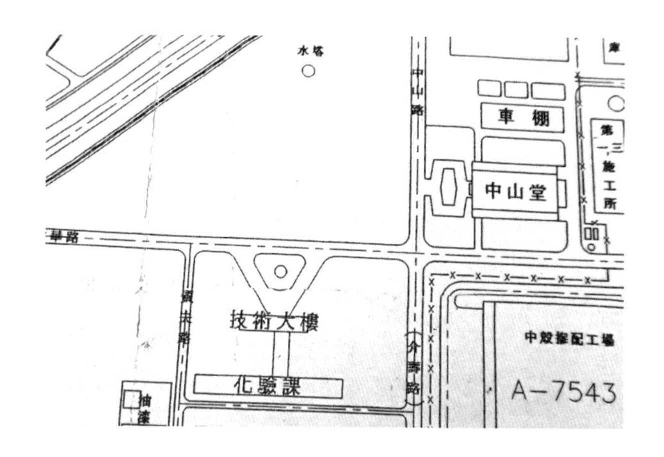

1990 年 8 月繪製之高廠廠區總平面圖局部
© 中油公司煉製事業部

六、路名統計與列表

統計「廠區總平面圖」所列路名，計 46 處（有新舊路名及原路名者 35 處，新增路名 11 處），圖上未列而現場設有路牌者計 17 處（筆者調查），總計全廠區有路名之道路，計 63 處。而「廠區路牌製造詳圖」所列路名，則有 71 處。兩圖路名處數差異，在於因發展所需，設備擴建，部分道路成為工場用地或移作他用所致。如原聽桶工場位置在被選為五輕場址後，1967 年「廠區路牌製造詳圖」列有的製桶一路至製桶五路，在 1990 年的廠區平面圖已被標為第五輕油裂解工場，而無路名。

以下綜合兩圖所示路名，按業務區及工場區列表。業務區又分 A 總辦公廳，B 對外出入口，C 修造廠，D 材料倉庫，E 緩衝區，F 半屏山綠地；工場區又分 G 煉製，H 儲運，I 公用；另 A1、C1、D1、E1、F1 為「廠區總平面圖」上未標路名，現場立有路牌；F2、G1 為有舊路名，無新路名，亦無路牌或現道路已不存在者。

表 1　業務區及工場區路名表

區域	路名
業務區	A ：廠處東路、廠處西路、廠處南路、廠處北路、廠處中路
	A1：福源路
	B ：東門路＊、西門路南段、西門路北段、南門路、北門路
	C ：修建路
	C1：修建東路、修建西路、修建北路、修建一路、修建二路、修建三路、修建四路、修建五路、修建六路、修建七路
	D ：材料路
	D1：材料一路、材料二路、材料三路、材料四路、材料五路、材料六路、材料北路
	E ：中華路＊、中山路（介壽路）、質夫路
	E1：慶仁路
	F ：秀屏路
	F1：翠屏路
	F2：錦屏路
工場區	G ：廠一路（西環路）、廠二路（中海路）、廠三路（中環路）、廠四路（國光路）、廠五路（東環路）、廠六路（廠東路）、廠七路（新增）、廠八路（新增）、南一路（動力橫路 / 蒸餾橫路）、南二路（輕油路）、南三路（新增）、南四路（儲油路）、北一路（中油路三、四、五段）、北二路（廠北路）、北三路（新增）、北四路（新增）、媒裂路、媒組一路、媒組二路、蒸餾一路、蒸餾二路
	G1：製桶一、二、三、四、五路，中油路一、二段，媒組橫路、環廠路東段、環廠路南段
	H ：油槽一路（廠南路）、油槽二路（新增）
	I ：動力一路、動力二路、動力中路（新增）、給水一路、給水二路

備註

1、括號為變更前（原）路名，有新增字樣者為新闢道路。

2、東門路位於工場區，列西門等路敘述；跨業務區、工場區之中華路，與中山路名屬性相近，列業務區敘述（以＊註記）。

七、路名探源

路名一如地名，某種程度代表當地的景觀或人文特色，但有時候也呈現主政者所欲表述的政治意涵，在高廠諸多路名中，也透露出這些訊息。如何經由路名所隱含的意義，發掘高廠發展密碼，建構歷史圖像，必須先從命名源由談起。

（一）業務區

A ：廠處東路：廠處東、西、南、北、中各路，為高廠總辦公廳四周及南、北兩棟間之道路名稱。總辦公廳，舊稱「廳舍」，1943 年 11 月完成，分南、北兩棟。早期為高廠廠長室及其他各處、室等一級部門所在，一直以來皆為廠內主要辦公場所，許多重要會議在此進行、決策在此拍板。其周圍道路乃依不同方位並冠以「廠處」之名，如「廠處東路」等。

廠處西路：說明如廠處東路。

廠處南路：說明如廠處東路。

廠處北路：說明如廠處東路。

廠處中路：南、北兩棟之間之道路為「廠處中路」，餘說明如廠處東路。

A1：福源路：位於原福利會所屬福宏公司舊址，與「南門路」交接。1949 年高廠成立員工勵進會，下設福利課。1960 年勵進會改組為職工福利委員會（以下稱福利會）。1962 年由福利會投資之製氧工場，申請工廠及營業登記，並定名為「福源化工廠」，生產氧氣，此即為「福源路」命名由來。1968 年福源化工廠改組為「福宏企業股份有限公司」，仍屬福利會。

B ：東門路：高廠幅員遼闊，設有東、西、南、北四門，東鄰縱貫鐵路及省道臺 1 線，西以左楠路隔開廠區與宏南宿舍區，南通左營大路，北隔後昌路與後勁宿舍區相望，左右可達右昌與後勁聚落。通往四門之道路分別以「東門路」、「西門路」、「南門路」及「北門路」名之。

西門路：以圓環分「西門路南段」與「西門路北段」，說明如東門路。

南門路：「南門路」與「北門路」以中華路為界，說明如東門路。

北門路：說明如南門路。

C ：修建路：源於「修建組」，前身為六燃時期「修理工場」，戰後沿用。當時執行修護工作，雖有修理、電工、土木等工場，但同仁仍慣稱彼等為修理工場，屬工務組所轄。1955 年工務組分為「工程組」與「修建組」，此為路名由來。1976 年高廠改制總廠，修建組擴大為「修造廠」。

C1：除修建路，修造廠另以「修建一路」、「修建東路」、「修建西路」及「修建北路」為周界。復因不同工種而建有多棟廠房，棟與棟之間，以「修建二路」至「修建七路」等作為區隔。

D ：材料路：進材料倉庫大門為「材料路」。六燃時期即建有倉庫多棟，戰後陸續進行增、修、改建。為方便管理，倉庫以前、後及 1、2、3……方式編號，如前 1 號庫、後 1 號庫等，曾編至 10 號，其他尚有觸媒、化學藥品及專案倉庫等。

D1：除「材料路」，各倉庫之間依序以「材料一路」、「材料二路」、「材料三路」至「材料六路」等做區分。9 號倉庫，因其位置靠近北門，為方便作業及進出，另於「北門路」處開設出入口，鋪設道路，路名「材料北路」。

E ：中華路：作為國家百分之百控制的國營事業，在當時體制下，高廠出現中華路、中山路等名應不意外；依 1945 年，臺灣省行政長官公署公布的〈臺灣省各縣市街道名稱改正辦法〉，其中規定新名稱應具有下列意義：發揚中華民族精神者，如中華路、信義路、和平路等；宣傳三民主義者，如三民路、民權路、民族路、民生路等；紀念國家偉大人物者，如中山路、中正路等。此一思維，也影響了高廠的道路命名。

中山路：原名「介壽路」，「介壽」取為蔣介石祝壽之意，因位於高廠中山堂前，改名後稱「中山路」。中山堂六燃時期為集會用公會堂，戰後改稱中山堂（相關介紹可見本書第二單元）。

質夫路：「質夫路」、「慶仁路」，係為紀念中油公司成立後首任高廠廠長賓果及化驗室主任俞慶仁而來（賓、俞事跡請參閱本書第一單元）。

1. 材料路路牌　2. 中山路路牌　1/2

E1：慶仁路：說明如質夫路。

F　：秀屏路：「秀屏路」與「翠屏路」鄰半屏山，秀荷湖畔，區域內綠意盎然，生態豐富，兩路間復有鐵道遺址，兼具自然與人文之美；「屏」指半屏山，「秀屏」、「翠屏」、「錦屏」取其滿眼蒼翠，景色秀麗如錦之意，故名。

F1：翠屏路：說明如秀屏路。

F2：錦屏路：說明如秀屏路。

（二）工場區

G ：廠一路：原名「西環路」，因早期高廠廠區設有多處圓環，其與中華路交接處，由西向東分別有「西環路」、「中環路」及「東環路」。1968年石油焦工場及 1975 年焙焦工場成立後，因大型卡車進廠取焦時，常塞於緊鄰工場之中環路圓環轉彎處，造成交通困擾。為免類似情形發生，廠方遂決定將廠區內所有圓環一併拆除。

廠二路：原名「中海路」，1963 年中油公司與美國海灣石油公司合資，於臺北成立「中國海灣油品股份有限公司」，簡稱「中海公司」。1964年於高廠興建「中海潤滑油工場」，生產高級潤滑油基礎油，隔年完工。工場所在稱中海路，故其路名應於 1965 年之後產生。

廠三路：原名「中環路」，說明如廠一路。

廠四路：原名「國光路」，1946 年 6 月 1 日於上海創立的「中國石油有限公司」，係合併甘肅及四川油礦局並接收東北、臺灣相關石油事業而成，直隸資源委員會。同年 12 月依據上海總公司公文，通令全國各營業單位：

1963 年之工場區圓環 © 中油公司煉製事業部

「覽查本公司產品商標圖案，經決定以火炬及三圈為商標，定名為國光牌……」[5] 1948 年 2 月經濟部商標局核准註冊。

商標局商標註冊證

商標圖樣

國光牌註冊證 ©《石油通訊》

1949 年中油公司遷臺，在一片廢墟中重建煉製設施。1952 年 9 月資源委員會裁撤，中油改隸經濟部。雖經公司改組，名稱變更，惟火炬商標因已註冊，且廣泛用使多年，至今仍維持原樣，主要產品也仍以「國光牌」名義銷售。路名取「國光」、「中油」，即本於此。

廠五路：原名「東環路」，說明如廠一路。

廠六路：原名「廠東路」，廠區最東道路，故稱，重新命名為「廠六路」。

廠七路：位於中華路右側，東門圍牆與化學藥品庫（1963 年興建）間，與廠六路平行，為新增路名。

廠八路：「廠八路」位於中華路左側，近東門。為 1971 年起在廠區東北角空地擴建油槽區之新闢道路。

南一路：與中華路平行，南向第一條道路，故稱「南一路」，其再往南分別有南二、三、四路。南一路由原「動力橫路」及「蒸餾橫路」合併，兩橫路分別與動力工場及蒸餾工場道路垂直，故稱。

南二路：原名「輕油路」，1946 年成立的輕油工場，前身為日治時期化學處理工場。1959 年工場遷移，改稱「輕油處理工場」，包含化學處理、摻配、加鉛三部分，工場所在稱輕油路，後更名為「南二路」。

南三路：為新增路名。

南四路：原名「儲油路」，位於廠區南面，近半屏山，因為油品儲槽區，故名，更名後稱「南四路」。

北一路：原名「中油路」（三、四、五段），說明如廠四路；本路為與中華路平行北向第一條道路，故稱「北一路」。

北二路：原為廠區最北面道路，故原稱「廠北路」，因東北角擴建油槽，新闢道路，路名重編為「北二路」。本路西接中山路，東與廠八路接壤，長度僅次中華路，為廠區第二長之東西向道路。

北三路：「北三路」、「北四路」為新闢道路，兩路與廠八路分別相接，為 1971 年起在廠區東北角空地擴建油槽區之新闢道路。

北四路：新增路名，說明如北三路。

1953 年政府推動四年經建計畫，為滿足社會的油品需求，高廠著手煉製設備更新與廠區擴充，加上煉油技術日益進步，原司煉油的「煉務組」，因配合

北二路路牌
（圖中球形槽已拆除）

時需，於 1955 年更名為「製造組」，並擴大組織。設備方面，先後裝建蒸餾、媒組、加氫脫硫、媒裂、烷化及輕油、硫磺、石油焦等工場，並於 1968 年興建國內首座生產石化基本原料的輕油裂解工場。

由於製造組範圍之大，涵蓋之廣，設備之多，型類之雜，已超越合理的組織管理幅度。高廠遂於 1976 年 7 月改制為總廠，將石化基本原料生產劃歸新設之「石化廠」，各類油品生產，則由「油料廠」管理，並在工場區內設立廠辦公室。

原本尚未利用的空地，因工場興建、道路開闢，而使原有路網變得更加綿密。於是，設立「廠」級單位（石化廠、油料廠）的工場區道路，在日後命名時，便有「廠一路」至「廠八路」的誕生。換句話說，這些廠字輩的路名，就是因組織擴大，工場區內設立廠級單位所產生的，正好成為高廠業務發展的最佳見證。

前述工場區的新編路名，基本上以方位及數字為編訂原則，排列雖井然有序，但卻少了些許創意，意義上亦不若下列以景觀或場域命名的舊有路名，來得具體與容易理解：

媒組一路：為配合政府經建計劃，提高油品質量，高廠於 1953 年起展開煉製設備更新及擴充計畫，觸媒重組（媒組）工場即為計畫之一。1955 年第一媒組工場完工，成為該階段首座完成的新工場；1962 年第二媒組工場完成；1968 年第三媒組工場完成。因區域內有多座媒組工場，遂命第一、二媒組之間道路為「媒組一路」，第二、三媒組之間為「媒組二路」。

媒組二路：說明如媒組一路。

媒裂路：因媒組工場生產的汽油無法滿足市場需求，高廠決定興建觸媒裂煉（簡稱媒裂）工場，以生產媒裂汽油及液化石油氣等高價值油料。媒裂工場於 1955 年 10 月開始興建，1956 年底正式生產，為高廠設備更新計畫第一座大型工場。1956 年底完工、試爐，所在道路遂取名「媒裂路」。

蒸餾一路：六燃時期，高廠即建有第一、第二蒸餾工場，為當時最早建立的裝置。二戰期間，兩工場同遭盟軍轟炸，戰後先後修復。第一、第二蒸餾修復後，煉量仍感不足，高廠遂自行設計第三蒸餾，於 1955 年開工生產。1959 年由減黏裝置改建的第四蒸餾完工。1968 年第二蒸餾拆除，原址改建為第五蒸餾。

1972 年，第四蒸餾原址改建為第八蒸餾。1978 年，第一、第三兩座蒸餾工場完成拆除，原址於 1979 年，分別改建為第四真空蒸餾工場及第一真空製氣油加氫脫硫工場。幾乎所有蒸餾工場均曾落腳的本區，可說是高廠最古老，也是最重要的煉油核心區，其道路也分成「蒸餾一路」與「蒸餾二路」。

蒸餾二路：說明如蒸餾一路。

1968 年之第五蒸餾工場
© 中油公司煉製事業部

G1：製桶一、二、三、四、五路：製桶為聽桶工場主要業務，其前身為 1944 年完工之 53 加侖桶製造設備。二戰期間因空襲搬遷，部分機件散佚。戰後復原，成為包裝容器製造及整修工場，以生產 53 加侖桶、1/4 加侖及 1 公升罐等為主。因範圍大而分製桶一至五路，原處後為五輕等工場用地。

中油路一、二段：中油路由來，說明如廠四路；原處已成第二媒裂與第二 VGO 等工場用地。

媒組橫路：「媒組橫路」分別與媒組一路及媒組二路垂直相交，故稱。

環廠路東段、環廠路南段：不詳。

H ：油槽一路：原名「廠南路」，六燃時期即利用鄰半屏山地勢較高處設立油槽，因位處廠區南面，故稱。隨著業務擴展，油槽區域擴大，道路增闢，原廠南路改稱「油槽一路」，另條道路則稱「油槽二路」。

油槽二路：說明如油槽一路。

油槽二路旁之儲油槽

I ：動力一路：完成於 1944 年的原動缶（鍋爐房），戰後由高廠接收改稱原動力工場，1955 年正名為「動力工場」，此即路名「動力」之由來。隨著高廠業務發展，除新型燃油鍋爐，動力工場也增設發電及其他附屬設備。因工場範圍擴大，乃以「動力一路」、「動力二路」及「動力中路」區分不同空間。

動力二路：說明如動力一路。

動力中路：說明如動力一路。

給水一路：「給水」源自「給水工場」，為 1944 年竣工之給水設備。當時在大寮設有水源站，抽取高屏溪伏流水，並於半屏山腰建配水池，山下設揚水設備，揚水至山上水池，再配水至廠區各部分，供工業及飲用。二戰期間因空襲，設備損壞嚴重，1948 年修復後始恢復供水。

隨著高廠工場陸續興建，運轉所需之冷卻水塔及水處理設備，亦逐年增加，1976 年因業務之需，由給水工場另分出「水處理工場」。惟兩工場所在道路仍冠「給水」之名，為「給水一路」與「給水二路」。

給水二路：說明如給水一路。

八、命名原則

綜上所述，可知各路名形成隱然符於高廠發展時程，且大致以 1976 年高廠改制總廠為分野。在此之前屬戰後初期尚未命名階段，初次命名為更新與擴充階段（1953-1968）後期，約介於 1968-1971 年之間。此可由 1968 年高廠興建第三媒組工場，而有「媒組二路」產生及 1972 年 1 月之〈石油化學地區廢氣燃燒塔平面位置圖〉已出現中華路、廠北路、中環路等路名推知。

再者為 1976 年高廠改制為總廠之後，當時因工場區劃設石化廠及油料廠，道路重新命名，而誕生「廠一路」及其他路名，並一直沿用至今。在多達 63 條道路中，則可歸納出如下表之命名原則：

表 2　命名原則表

命名原則	說明
以裝置場域為依據	如因圓環設置，而有「西環路」等，修造、倉庫地區分別有「修建路」、「材料路」，工場區有「蒸餾一路」、「動力中路」，油槽地區有「油槽一路」等。
依廠務發展更改新增	例如改制總廠後有「廠一路」至「廠八路」、「北一路」至「北四路」等命名。
參照政府命名辦法	參照政府慣用命名方式，如「中華路」、「中山路」等。在一份與後勁宿舍有關的設計圖及路牌製造詳圖，均曾出現「中正路」、「民權路」、「民族路」、「民生路」等宣傳三民主義者的名稱。這些宿舍區路名最終雖因行政區調整改以「宏毅○路○○巷」呈現，但也可看出早年街道命名的思想置入。
紀念因公殉職者	例如「質夫路」、「慶仁路」。
具有人文景觀者	例如「秀屏路」、「翠屏路」、「錦屏路」。

九、結論

如將奠基日治時期，有著現代化空間規劃的高廠，視為一座城市，那麼座落其間的辦公廳舍，則可類比成市政中心，各司其職的技術支援及生產單位，乃為不同機能的部門與產業，它們共同維持了城市（廠）的運轉。其所醞釀的路名或地名，也許就像高廠在尚需依賴牛車協助運送的年代，有所謂「牛車路」，及早期挖土設窯燒磚時所遺窪地，經注水後形成的水池被稱為「窯仔池」一般，有著屬於這塊土地獨有的情感連結。

路名一如地名，是人類生活空間的文化展現，也是可以被閱讀的記憶文本。它的存在，讓我們有動力在工場即將拆除完畢之際，仍試圖尋找機會標記高廠歷史。

審視每處路名，當年主事者，以明顯的地景特徵、紀念性人物或重要空間，寫下諸如翠屏路、質夫路、蒸餾一路等路名，適足呈現高廠所具有，充滿靈活思維的油人特質。而伴隨路名所建置的路牌，不但立體化了所有路名，當工場還在時，也恰如其分成為最佳入口意象。如今工場已拆，卻又化成紀念碑，忠實地記錄（也告訴觀者）此地曾有的輝煌。

當年為利快速發展的廠務治理及後勤支援，所採取與道路相關之消防、排水、運輸等系統功能強化，以及路名的確立與標示等措施，將隨物換星移，同時步下舞臺。未來，工場拆除後的廠區將進行開發再利用，原本的空間紋理將會改變，多數道路也會消失。

對那座座堅定駐守路崗，曾陪伴高廠一起協助政府創造經濟奇蹟，共同經歷環保與社會運動的路牌，除其意外成為我們追蹤高廠發展軌跡及標記歷史的重要依據外，關於這個幾乎篤定的結果，該用何種態度面對？曾多次來訪的洪致文教授，給了我們他的看法：

> 高雄煉油廠的工廠（場）區棋盤規劃是始自二戰時六燃興建之際即劃設，是此區歷經七十多年來不管工廠（場）如何更新都存在的紋理。未來不論是環境污染改善或者任何的變更使用，都應保留此棋

盤狀規劃，並且維持現今路名以為永恆紀念。這樣棋盤狀紋理的保存，有利於未來回顧歷史時的歷史現場再造。[6]

走過四分三世紀，高廠留下可觀的文化資產，也造就了豐富的地域歷史與人文軌跡，這正是高雄這個工業城市，所不可或缺的元素。而如何解讀高廠發展密碼，進而發掘背後的歷史脈絡，透過充滿歲月刻痕及饒富文字趣味的路牌，會是另種選擇。

路名，標記了高廠的發展歷史，也串接了過去的每段風華。路牌，型塑了高廠的堅毅表情，亦讓這片工業地景，多添幾分簡單與質樸。期待在重建與保存的平衡聲中，兩者的命運皆還有未來，如此，本文的書寫也才更有意義！

註｜

1. 2016 年 5 月，中油公司委託優朵國際企業有限公司進行「高雄煉油廠文化資產清查工作」，計完成 250 件文資清查；2017 年 4 月，委託國立高雄大學進行市定古蹟「宏南舊丁種雙併宿舍」調查研究；2017 年 6 月，高雄市政府文化局委託中冶環境造型顧問有限公司進行「中油宏南宏毅宿舍群文化景觀保存維護計畫暨保存計畫整體規劃」；2019 年 4 月，文化部文資局委託中冶公司進行「高雄煉油廠產業文化資產調查評估計畫」，清查具文化資產價值之建物設施，計 92 處；2020 年 11 月，委託國立成功大學完成高廠 54 處列冊追蹤項目審議資料撰寫及價值評估。本書出版前仍在進行的，尚有藍曬圖、圖書章、《拾穗》雜誌及高廠歷史等相關調查研究案。
2. 高雄煉油廠出版的廠史：《廠史》（1981）、《廠史第二集》（1993）、《高雄煉油廠廠史第三輯 1993-2015》（2016）；主要刊物有創刊於 1950 年的《拾穗》雜誌及 1962 年的《廠訊》等。
3. 林身振、林炳炎編，黃萬相譯，《第六海軍燃料廠探索》，頁 284。
4. 當時運轉的裝置有原油蒸餾、精製混油、加侖桶製造、修理包裝及接觸分解、潤滑脂製造等。
5. 台灣中油股份有限公司，《石油通訊》，793（2017），頁 25。
6. 2016 年 11 月 29 日，文化部文化資產局，「文化性資產調查小組」高雄煉油廠現勘會議紀錄，洪致文教授書面意見。

文化印痕
印版工場與技術圖書室

一、卷首語

高雄煉油廠，始自日治時期第六海軍燃料廠，爾後成為臺灣石化業原鄉，為具經濟發展及社會文化演變重要意義之工業場域。

為建構產業發展脈絡，文化部於 2018 年啟動「高雄煉油廠產業文化資產調查評估計畫」，委託專家進行 50 年以上建物、設施調查研究。不同階段的調查報告，「原印刷工場」始終被列其中，足見其在專家眼中，實具一定文資價值。

2021 年 12 月，《新竹清華園的歷史現場》一書作者王俊秀，因研究所需至高廠技術圖書室（技圖室）查閱資料。發現部分靜立架上，已塵封數十年的老舊書籍，不只有賓果廠長 1930 年以英文簽名的捐書，竟也有日治時期第六海軍燃料廠藏書。這兩處呈現高廠豐厚文化底蘊的建築，值得撰文介紹。

中國石油公司高雄煉油廠
廠訊
半月刊
第一蒸餾工場擴建更新
苓站駁油業務

二、印刷工場

印刷工場成立於日治時期的 1943 年，時稱「印版工場」。為維持資料機密性，六燃建廠時即設有印刷部門，印製各種報告、表報及《六燃情報》等文件，所有印製品均列為軍方機密。

1947 年，高廠以原六燃「印版工場」設備，成立歸總務組所轄的「印刷工場」。設立後首先召回被遣散之原六燃時期操作人員，修復損壞機器，開始承印高廠各類報表。對知識傳播，文學園地提供，影響深遠的《拾穗》雜誌及高廠內部刊物《廠訊》、《勵進》等，[1] 亦在此印製、發行。

隨著廠務擴展，各類報表需求量增加，加上《拾穗》、《勵進》等刊物相繼出版，原有設備已無法應付。為此，廠方決定著手改善，次第增添設備。拾穗出版社也於 1950 年投資購置鑄字機，解決部分書刊用字困擾。1966 年工場擬定更新計劃，陸續添購各種半（全）自動印刷設備及鉛字，選訓工作人員，精進印刷技術。

1｜2｜3｜4

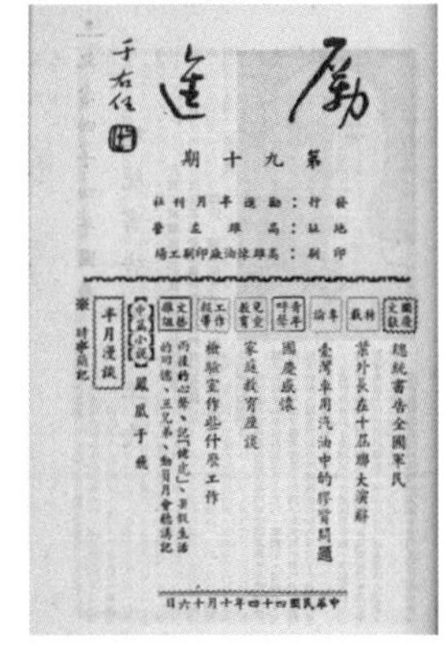
于右任
勵進
第九十期
發行：勵進半月刊社
地址：高雄左營
印刷：高雄煉油廠印刷工場
國慶文獻　總統書告全國軍民
特載　葉外長在十屆聯大演辭
專論　臺灣車用汽油中的膠質問題
青年呼聲　國慶感懷
兒童教育　家庭教育座談
工作報導　檢驗室作些什麼工作
文藝雜俎
中篇小說　鳳凰于飛
半月漫談
※ 時事簡記
中華民國四十四年十月十六日

1. 賓廠長贈書章及書上英文簽名
2. 印刷工場承印之高廠《廠訊》
3. 《勵進》雜誌封面
4. 《勵進》第 90 期目錄，刊名由于右任題字
© 高雄市立歷史博物館提供

因使用空間漸感不足，1968 年廠方利用屋旁空地擴建二層樓場房，成為目前所見樣貌。1982 年印刷工場遷入新建廠房，原來的編輯、排版、印刷、裝訂等空間，改為辦公室及電腦教室。

保存狀況良好的原印刷工場，儘管因不同需求改建，但幾度浮沉的建築，仍留有如南棟的走廊木構桁架及黑瓦、扶壁、氣窗等日式建築特徵。讓我們可輕易從不同結構中，探詢建築風貌與感受文化氛圍。

2019 年高雄市政府文化局審議高廠具文資潛力建物，以「原印刷工場」，因具見證中油人文發展及重要歷史記憶等價值，登錄為歷史建築，成為高廠最具文化厚度的建物。[2] 文資身分確立，讓日治迄今的「印版工場」得以「原印刷工場」之名，繼續陪伴同仁。而往後該如何延續其獨有的文化意象，值得你我共同關注。

三、《拾穗》雜誌

由高廠勵進分會發行，印刷工場承印的《拾穗》，是臺灣文學史上常被討論的刊物，為臺灣百年來具影響力的文學雜誌之一。1950 年創刊的《拾穗》，採月刊形式發行，內容以高廠同仁的翻譯作品為主，為戰後臺灣第一份純翻譯綜合性雜誌。

1950 年代為思想管制年代，當時雖不乏藝文雜誌，但內容多為充滿反共、戰鬥思維的官方或軍方刊物。甫創刊的《拾穗》，其小說、新詩及音樂、藝術等譯介，正好填補彼時藝文空間，成為許多人追求知識的重要管道。

為文藝青年們提供知識養分的《拾穗》，曾影響雲門舞集創辦人林懷民，幫

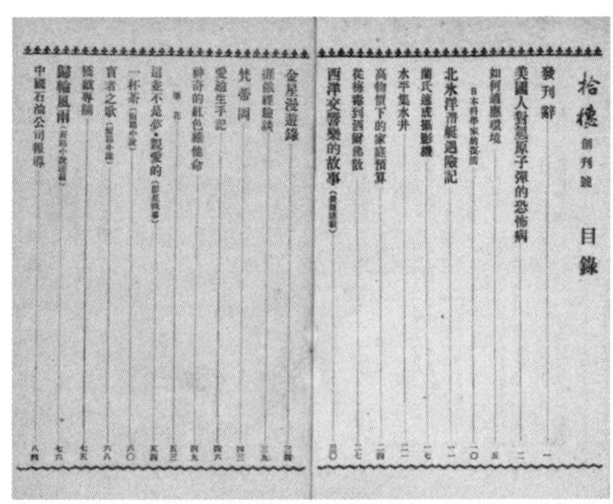
拾穗 創刊號 目錄

1. 高廠出版之《拾穗》雜誌
2. 《拾穗》創刊號目錄，內容可見諸多翻譯作品 © 高雄市立歷史博物館提供　1｜2

助他開啟對現代舞的想像。不僅如此，《拾穗》還曾遠播綠島，成為政治受難者的精神食糧。這些不乏知識分子、作家、藝術家的受難者，在閱讀過《拾穗》後，部分也為《拾穗》提供翻譯作品。

國立臺灣師範大學翻譯研究所賴慈芸教授在一篇專訪中，談及政治受難者與翻譯作品的關係時提到：

> 創刊於 1950 年的《拾穗》是以翻譯為主的雜誌，主要成員都是高雄煉油廠的一群工程師，當年是文藝青年很重視的一本雜誌，我的學生到高雄查閱原始資料，發現後期很多翻譯稿件都是從綠島寄出。[3]

當我們在肯定《拾穗》重要性時，想不到還有這段鮮為人知，連結左營與綠島的小故事。當年那些政治受難者為《拾穗》提供譯稿的歷史，也成為高廠產業文化的一段佳話。尤其刊物發行初期，還是由高廠印刷工場承印，更令人倍覺珍惜。

四、不同時期影像

歷史，是時間的沉澱，文字是思想的結晶。隨著時空環境改變，跨越兩個政權，行過不同世代的「印刷工場」已經裁撤。昔日的印刷機器也已不知去向，僅留少數鉛字訴說往日情懷。從各式表報、機密情報到文藝刊物，這些經由印刷工場排印的文字，早已化成一卷歷史書冊，供人展讀。

儘管已脫離原有功能，建物也經多次改建，但我們由不同時期影像所呈現的身影，仍可窺見它們保有的建築元素，依舊清晰可見。從黑白到彩色，「原印刷工場」猶似一捆時光膠卷，放映著歷經淬煉的藝文風華，也為各階段的高廠發展留下珍貴紀錄。

1 | 2
3

1. 高雄總務部（1945 年，左後方建物為印版工場）
   ©《第六海軍燃料廠探索》
2. 接收時之印刷工場
   © 中油公司煉製事業部
3. 原印刷工場今貌

五、技術圖書室

高廠迄今近八十載，雖面臨關廠、業務緊縮、人員外調等挑戰，但為服務員眷，煉製事業部仍決定維持開放設立已久的技術室圖書館（技圖室）及宏南、宏毅（後勁）兩宿舍區圖書室，相當不易。

技圖室為廠方於廠區內設置的圖書館，未定名前，分別有過「圖書館」、「資料圖書室」、「參攷圖書室」、「技術室圖書館」等稱呼及不同部門歸屬。

日治六燃時期，圖書室屬總務部庶務係，當時的精製部試驗室亦藏有相關圖書。戰後，廠方翻修受損的木造試驗室房舍，設辦公室、研究室及資料圖書室、閱覽室等。1947 年資料圖書室暫歸總務組，1948 年併入工務組，名「參攷圖書室」。

1954 年，屬煉務組的化驗室改組為技術組，下轄 3 課，資料圖書室屬新設之技術服務課。1955 年煉務組更名為製造組，資料圖書室併入技術組化驗研究室，曾有不同名稱的圖書室，亦於此時正式定名為「技術圖書室」，並沿用至今。

1965 年化驗室木造平房改建為二層混凝土建築「技術大樓」，設有圖書室、閱覽室、書庫等。1976 年高廠改制總廠，技術組升格為技術室，技圖室屬該室第三組研究發展課。1988 年新建圖書室啟用，原藏於技術大樓的圖書移至現址。另，勵進出版社所屬「勵進（分）會圖書室」[4] 圖書，也在重新編號後併入技圖室，始成今日規模。

2000 年煉製事業部成立，高廠技術室回歸煉製事業部，技圖室與宏南、 後勁兩社區圖書室，則分屬事業部行政室事務組及公關組。

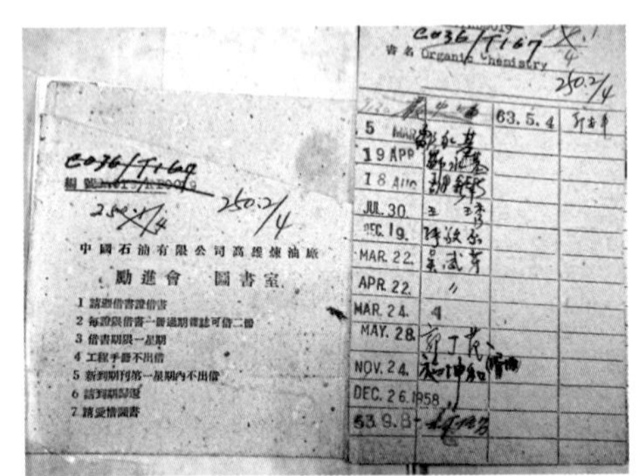

1. 改建前之木造平房化驗室 © 中油公司煉製事業部
2. 「勵進會圖書室」借書卡、借書套

1 | 2

早年屬研發部門的技圖室，除購置同仁工作所需參考技術書籍外，尚須編印《石油技術新知》、《石油季刊》、審印研究發展叢書及負責全廠技術工作攝影等。此等工作如由非化工相關背景人員擔任，想必難以完成任務。對照今日歸屬行政部門，其專業功能恐已今非昔比。

由於數位化時代來臨，透過網路可更方便、快速取得資料，加上 ISO 9000 認證系統推動，各單位多擁有自己的部門圖書。再加上高廠關廠、人員外調等因素，目前技圖室的書籍借閱需求銳減，部分空間甚至已隔為辦公室。

六、藏書來源

高廠發展可分日治與戰後，技圖室藏書亦大致以此而分，為日治遺留及戰後購入。部分則由接收人員及國府遷臺時自中國攜來，另有同仁及其他單位捐贈。由於管道多元，戰後初期的高廠圖書室，便有日文、英文、中文、德文等理工書籍及雜誌，只是藏書不多。

1948 年起廠方為充實館藏，提供同仁更多參考資料，便由負責部門選購國外煉製工程圖書及雜誌等。隨著高廠煉務發展，書誌預算編列，亦逐年增加。高廠《廠史》記載：

> 從日人手中接收時，祇存有少數日文圖書，後資源委員會送來若干化工手冊，而參考書誌甚少。經當時之工務組、煉務組選訂有關煉製工程圖書千餘冊，雜誌四十多種，從國外購置。以後每月添置七千至一萬多元之書誌購置費用。[5]

每月 7,000 至 10,000 多元的購書費用，以當時幣值，確是大手筆。於此提供一個參考數據，1950 年《拾穗》雜誌創刊時，訂閱一年期為 12 元，等於每期只要 1 元。由於《拾穗》雜誌創立之初，便非以營利為目的，訂價或僅考慮基本開銷。但由此反觀技圖室的每月購書預算，也可看出當時高廠對同仁知識取得的重視。

充足的預算，豐富了館藏。據統計，1966 年技圖室已有圖書七千冊，雜誌四十多種，合訂本約兩千卷。1981 年圖書已達一萬五千餘冊，雜誌累計亦達七千餘

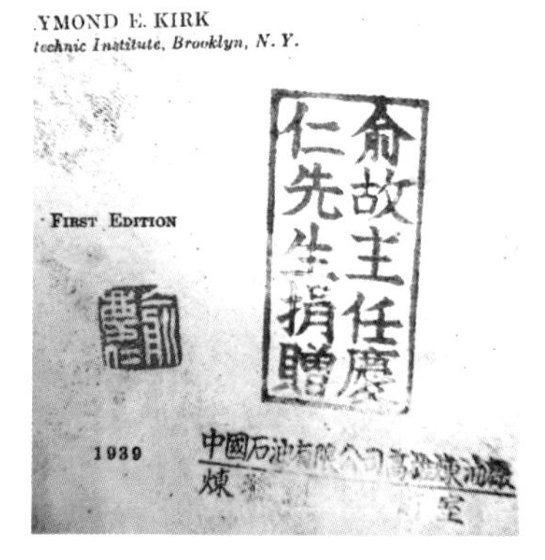

1. 俞主任捐書章　2. 高廠所藏六燃合成部時期圖書所蓋之圖章　1 | 2

冊。至 1991 年，主要為理工及管理的圖書則已逾兩萬五千冊，雜誌累計亦達八萬六千餘冊。

與時俱進及軟硬體兼顧的發展策略，使得高廠技圖室逐漸與外界接觸，不但進行館際交流，日益豐富的館藏也漸為人所知。曾參與創立「創世紀」詩社的詩人瘂弦，於左營服役時，就曾至高廠借閱書籍。

依《圖書館法》第 4 條第 2 款定義，高廠技圖室應屬「專門圖書館」，為「以所屬人員或特定人士為主要服務對象，蒐集特定主題或類型圖書資訊，提供專門性資訊服務之圖書館」。[6]

今技圖室雖仍掛以「技術」之名，但購書已漸脫離原設定之技術專業類別，且不再從國外購進外文書籍。國內出版之文、史、哲類及綜合雜誌等，則有增加趨勢，圖書種類與宏南、後勁兩社區圖書室已漸趨一致。

技圖室另有油人捐贈圖書，其最早可溯自首任廠長賓果時代（1946-1950），遲至 2016 年仍有同仁捐書紀錄，可見捐書之舉，在高廠早成風氣。其他則有來自同公司的臺灣油礦探勘處及同屬國營事業的台碱公司等不同單位圖書。

七、文化印痕

抽象的人文意涵，常需借具象的物質呈現。原印刷工場與技術圖書室，就在此命題下，現出兩道清晰的文化印痕。另有比喻，印刷工場生產（出版）了人們所需的精神食糧，技術圖書室則是收藏糧食的穀倉。

如今，作為文化產出（如《拾穗》）的「原印刷工場」，因具見證中油人文發展及重要歷史記憶等價值，被文化主管機關登錄為歷史建築，也因此受文化資產相關法令的保護。而因緣際會藏有百年歷史（如賓果藏書、六燃圖書）的技術圖書室，卻可能因廠區開發而建物不保。

走過陽光，也遇見風雨，高廠有著你我的共同回憶。雖無法天天天藍，至少祈望雨水不要弄糊印痕。未來或許很難預測，但請讓我們一起祝福！

註｜

1. 《廠訊》於董世芬任廠長任內的 1962 年創刊，原為半月刊形式，2001 年改為月刊，現以季刊形式發行，曾出版固定專欄《家常話》數冊，為了解高廠發展重要文獻；《勵進》雜誌創刊於 1952 年，由「勵進出版社」印行，強調「民族性」、「革命性」、「奮發性」，以配合政令宣導及闡揚三民主義等為目標，並發行國父思想、總統就職特刊等，亦為高廠重要刊物。初創為半月刊形式，後改為月刊（現已停刊）。

2. 高廠印刷工場所印製、發行的《拾穗》與《勵進》兩份刊物，其刊頭題字分別出自黨國大老吳稚暉、于右任之手，顯現當年高廠的重要地位。刊物也因名家題字，而更具文化意義。

3. 2019 年 8 月 4 日《自由時報》「文化週報」：〈翻譯文學也要轉型正義——賴慈芸扮柯南打開亂世黑箱〉。網址：https://talk.ltn.com.tw/article/paper/1308007。

4. 勵進（分）會圖書室屬「勵進出版社」。勵進出版社為中國國民黨臺灣省工礦黨部高廠區黨部（七支一區黨部）對外名稱，1971 年正式成為行政單位「員工關係分會」，1989 年改為「員眷服務室」。

5. 高雄煉油總廠，《廠史》，頁 39。

6. 2015 年 2 月修正版《圖書館法》，全國法規資料庫。網址：https://law.moj.gov.tw/LawClass/LawAll.aspx?PCode=H0010008。

躍動音符・歷史對話
與高廠有關的幾首歌曲

一、前奏

歌曲是音樂與文字的組合，透過它可撫慰人心，激勵士氣。高廠自日治時期以來，亦曾產生多首為人傳唱的歌曲，它們有廠歌、校歌與會歌。這些源於高廠，不同年代誕生，背景互異的曲子，不但標示了區域的人文生態，也反映了高廠的歷史發展。歌詞中不約而同出現的半屏山及與煉油廠意象高度關聯的塔槽、爐火等，更讓我們可從不同角度認識高廠。

早期高廠廠區（近景為半屏山，遠景為壽山）© 中油公司煉製事業部

二、六燃廠歌

戰雲密布　半屏山　旭日高照　廓後原　聳天煙囪　俺職場
動力資源　兵屯地　皇民我等　是生命　啊！雄心強守　保衛它[1]

本文所引六燃廠歌，出現於高廠退休同仁許安靜所著《台灣少年吔：阿公の故事》一書第十五章。該章標題「六二一試車」，描述作者赴日求學後，於1945年1月奉派回臺，參與六燃接觸分解裝置的試俥經歷。

接分，為六燃重要裝置（於本書〈重回「621」〉一文有詳介），試俥期間與廠區其他設備同遭盟軍轟炸，參與者幾乎每日皆須面對生死難卜的戰爭威脅。為緩和空襲帶來的緊張氣氛與對前途的茫然，時任伍長的清原俊男，向工場主任要了一張六燃廠歌，晚上在宿舍帶領同事一起學唱，以鼓舞士氣。短短數十字，描繪空襲下的半屏山場域，戰雲密布，軍旗飄揚，煙囪高聳的廠區，成為軍隊駐紮重地，面對艱困環境，身為皇民一分子，必須決心保衛動力資源的燃料廠。

戰後，國民政府接收六燃，這首曾短暫出現的廠歌，在改朝換代下，早已無人知曉。但閉眼想像，那一夜由俊男伍長等人所唱出的歌聲，似仍迴盪在屏山之下，為我們訴說戰爭的故事。

三、子弟學校校歌

校訓、校徽、校歌，代表學校創校精神與意涵，以體現該校治學理念、辦學理想等。校歌因有曲、詞，又能頌唱，是學校文化的具體象徵。

接收後的高廠，雖積極復建，然因百廢待舉，諸多資源並未齊備。除須克服煉務發展所需資金、技術不足外，員工子弟就學不便的問題亦亟需解決。廠方於是在 1947、1957 年，分別設立油廠國小及國光中學。[2] 為砥礪學子及凝聚向心力，兩所學校也邀請名家譜寫校歌。

油廠國小校歌

蕭而化曲，馮宗道詞

屏山岑岑　瓊塔如林　熊熊爐火　爍流金

幼苗青青　弱枝成蔭　春風化雨　日日新

這是求知的　少年營　這是親愛的　大家庭

切磋且勤學　珍貝滿海濱

國光中學校歌

李抱忱曲，董世芬詞（1959）

半屏山麓　秀荷湖畔　塔槽高聳　爐火熊熊

我們是歷經考驗的青年　我們是創造時代的先鋒

絃歌琅琅　生氣活潑　手腦並用　四育同張

我們今天在學業上鑽研　我們明天要發揚往四方

行健自強　蔚為國光　行健自強　蔚為國光

國光　國光　自強　自強　油廠子弟　為國爭光

短短歌詞，充滿對在高廠庇蔭下成長，從青青幼苗到創造時代、為國爭光青年的一份期許。在這個大家庭培育下，油廠子弟的優異表現，正與高廠創造的輝煌成就相互輝映。歷年來也造就不少傑出人才，他們有醫師、律師、教授、企業家、藝術家等等。如 2004 年當選十大傑出青年的郭博昭博士、獲 2014 年金馬獎最佳女主角獎及其他表演獎項的陳湘琪小姐等，均為國光中學（國中部）畢業校友。

油廠國小及國光中學校歌作曲者分別為蕭而化及李抱忱，兩人皆為國內著名音樂家，[3] 作品也屢被選入各級學校音樂課本，兩校能邀請他們創作，實屬佳話。油廠國小校歌作詞者馮宗道，曾任《拾穗》雜誌總編輯。[4] 為國光中學校歌作詞則為時任高廠廠長董世芬（有關董世芬請參閱第一單元附錄／高雄煉油廠歷任廠長簡表）。

四、高雄煉油廠登山會會歌

半屏山麓　健兒強　意志高昂　入雲霄

像熊熊營火不息　登山斬棘無所懼

讓我們探求自然的奧秘　讓我們充滿生命的毅力

前進　前進　前進

YA HO — YA HO — YA HO —

歷史悠久的高廠登山會，成立於 1967 年，是少數現仍運作的社團。1971 年創作的會歌以「半屏山麓」開頭，點明了社團歸屬。意志高昂的高廠員眷，正如不熄的熊熊營火，無所懼怕地走遍崇山峻嶺，探索自然奧秘。一代代充滿生命毅力的登山會弟兄，確也發揮披荊斬棘精神，創會以來，已有多人完成百嶽攀登。

每次大會必定頌唱的會歌，更是讓所有會員在「前進　前進　前進　YA HO — YA HO — YA HO —」聲中，激起昂揚鬥志，繼續攀越高峰。

五、屏山地景

橫亙左楠，被視為地標的半屏山，古來即為左營、後勁、右昌三個傳統聚落的天然屏障。清代《鳳山縣志》有如下描述：「邑治之山，自大岡山迤連而南二百餘里。其近而附於邑治者，如列嶂、如畫屏，曰半屏山（蓮池潭直通於山下）。濃遮密蔭，近接於半屏山之南者，為龜山（山多喬木）。」[5]

日本選擇於此建廠，也有其對地形的依賴，高廠時代逐漸形成的煉油王國，

1. 登山會別針 © 高雄市立歷史博物館典藏　2. 屏山風景 · 湖光山色　1｜2

所有設備沿用與擴充，基本上也以屏山軸線為配置思考。這似也說明因這層難得緣分，使半屏山躍為前述歌曲的主角。

半屏山守護高廠，也守護在此生活的子民，不論六燃或戰後，皆是這塊土地最堅實的屏障。幾十年來，它的影像深深烙印在每位高廠人的記憶之中。油廠國小及國光中學故校長俞王琇女士，便以「半屏山下」為其回憶文集書名。

高廠鄰半屏山的道路，甚且以呼應國光中學校歌歌詞「半屏山麓 秀荷湖畔」的「秀屏路」名之。由此足見其在高廠及油人心目中，所具有的重要地位。

1952 年創校的後勁國小，其校歌有「屏山青翠　阡陌縱橫　煉油火炬　燻燻上升」的詞句。極為寫實的地景描述，除勾勒出半屏山色與後勁地區農業景觀，煉油廠的工業特色，亦寫入畫面。這些自然入鏡的山色、田園、燃燒塔，不僅交織成美麗構圖，也隱約透露那是個鄰里關係相對和諧的單純年代。對照日後一度與高廠充滿劍拔弩張氣氛的後勁，實有令人不知今夕是何夕之感。但，也正因如此，這屬於大家共同寫就的故事，才有不一樣的趣味。

六、歷史對話

這些看似獨立的歌曲，背後其實串聯一段重要發展歷史，這段讓高廠確實站穩腳步的旅程，始自戰後復建的 1946 年至中油公司 25 周年的 1971 年。此恰落於油廠國小創立至登山會會歌產生期間。以人生為喻，正為精力充沛的青年時期，對高廠而言則正處奮力躍進階段。

當時，帶領臺灣進入石化業時代的第一輕油裂解工場（一輕）已經完工（1968）。為展現石化工業飛躍發展，董世芬廠長於 1971 年，商請藝術家楊

七色橋是高廠發展重要紀念裝置

景天設計了一座紀念性裝置，作為此階段的成果總結，即今總辦公廳前，具里程碑意義的高廠重要地標「七色橋」（又名彩虹橋）。

時間回到二戰結束前，歷經三任日本廠長的六燃高雄廠，在二戰盟軍轟炸期間，仍克服萬難，先後完成了第一、二蒸餾、接觸分解及真空蒸餾等主要煉製設備及公用、輸儲、維修等相關設施。完善的廠區規劃，也為日後高廠發展打下良好基礎。

戰後，國民政府接收六燃，改名高雄煉油廠，積極復建遭戰火蹂躪的廠區。1947 年 3 月，受二二八事件波及的紛亂才剛平息，率先修復的第二蒸餾工場即於 4 月準備試爐，千頭萬緒的重建工作亦次第展開。同年 10 月，因不忍員工子弟奔波，賓果廠長決定創立學校，校址設於校舍為竹造的一棟舊有女子宿舍，油廠國小於焉誕生。為讓員工更無後顧之憂，廠方復於 1951 年開辦附設幼稚園。

油廠國小畢業生依學區分配為楠梓四中，上下學的交通問題依舊未解，為此，員工希望有辦學經驗的廠方，亦能自辦初中。經多方爭取，市政府同意的「高雄市立四中油廠分班」遂於 1957 年設立，並暫先借用油廠國小校舍。此時社會已趨安定，油品需求日增，為提高油料質、量，高廠煉製設備更新及擴充計畫，正如火如荼展開。首座更新階段工場「第一媒組工場」於 1955 年完工，日煉 1 萬桶的第三蒸餾工場也已正式生產（1955），觸媒裂煉（媒裂）工場亦完成試爐（1956）。

邁開大步的高廠，發展煉務之餘，對員工子弟就學情況關注，亦無偏廢。1959 年市立四中油廠分班正式立案，名「私立國光初級中學」，新校舍也於 1962 年興建完成並於 1965 年增設高中部。[6] 至此，從幼稚園、小學到國、高中的完整教育體系形成，超高升學率，也為外界所驚豔。這當然有賴高廠輝煌業績支持及所有參與人員的努力，始竟其功。

成立於 1967 年的登山會為福利會所屬隊社之一，為董世芬廠長任內創立，此時的高廠又有了煉製新里程。除第二媒組工場（1962）、輕油回收工場（1963）外，中海潤滑油工場（1965）及第三加氫脫硫裝置（1966）亦皆試爐完成，興建中的一輕也接近完工。而登山會、健行社等各類社團的蓬勃發展，也成為高廠業務蒸蒸日上，最具體而微的證明。

1990 年代，國營事業吹起民營化旋風。1998 年尚屬高廠的油廠國小及國光中學，在 2000 年煉製事業部成立後，面臨更大的轉型壓力。幾經折衝，終於有了明確的政策決定：2005 年國光中學由國立中山大學接辦，油廠國小則於 2008 年歸高雄市政府，兩校正式與高廠這個生養的母親切斷臍帶，脫離關係。

七、人散．曲未終

2015 年，高廠熄燈，所有繁華隨人員散去，消失於暗夜之中，詞中景物，僅留屏山與人訴說過往。至於那如林瓊塔則早就傾倒，熊熊爐火亦已熄滅。2021 年夏天，曾照亮夜空的最後一座燃燒塔，更已拆除。此時，「青山依舊在，幾度夕陽紅」，或已成為高廠心情寫照。

午後屏山，帶有幾分寧靜，達達的機器聲穿越廠區而來，另一邊則是學子們的朗朗讀書聲，兩者形成強烈對比。這似也告訴我們，校園歌聲並未終了，但高廠紋理勢將改變。只是，當有一天午夜夢迴，你會發現，進出廠區的已是陌生人影，映入眼簾的不再是熟悉景物。屆時，未知你我所聽聞的達達拆除聲，是否會是個美麗的錯誤？

曾經照亮夜空的燃燒塔（現已拆除）

也想問，如果改變已是事實，那你可曾想過，若干年後，高廠將會變成怎樣？是否仍如往昔，車水馬龍、人聲鼎沸？或者說，當高廠已不再是高廠，校歌卻還是校歌時，我們需面對及調適的，應是對於土地與情感的斷捨離。

展讀高廠歷史，如聆聽旋律變化，曲調抑揚，詞句轉合，更似故事發展，從六燃一路延續的精彩情節，令人目不暇給。至於歌曲，那屬於日治時期，激勵人心的廠歌，早就劃下休止符，曾為人歌頌的高廠，也放慢了節奏。未來，能替這塊土地譜曲填詞的，恐已不再為你我所認識。

歲月催逼下，正準備離開職場，照理心情本應保持閒適，此刻竟複雜了起來。是因為「高雄煉油廠」將成歷史名詞？還是不捨那百年菩提老樹將步高聳塔槽後塵，消失？所幸，眾聲喧譁中，至少他們還留下「油廠國小」、「油廠國小（捷運）站」等相關景物，供人懷念。

換個角度說，如果我們未曾留下歌曲的歷史與故事，屆時或已無人能更細說高廠，也無人懂得解釋「戰雲密布　半屏山　旭日高照　廍後原　聳天煙囪　俺職場」、「半屏山麓　秀荷湖畔　塔槽高聳　爐火熊熊」或「屏山青翠　阡陌縱橫　煉油火炬　燻燻上升」所代表的時代意義。

每一首歌都有它的故事，屬於高廠的，可能精彩些。當有一天流傳的故事越來越少，佚失的越來越多，那我們該如何面對？或許，任何能與高廠開啟對話的（歌曲），都會是解方！

註｜

1. 「旭日高照」指旭日軍旗，旭日旗（日語：きょくじつき，Kyokujitsu-ki）是帶有紅日和旭日光芒圖案的旗幟，有旭日當空和旭日東升兩種，為日軍採用的軍旗；「廍後原」，廍後庄，約明末清初就有先民來此開墾。1920 年日治時期臺灣地方改制，屬左營庄，1937 年劃入海軍軍區，大部分廍後地域被徵為軍事用地——此處指六燃所在的左營。六燃廠歌歌詞，參考自許安靜，《台灣少年吔：阿公の故事》，頁 128。

2. 高廠於 1947 年設子弟學校，1949 年立案，名「油廠代用國民學校」，1968 年更名「油廠代用國民小學」，1982 年改名「私立油廠國民小學」。2008 年，由高雄市政府接辦，再更名為「高雄市楠梓區油廠國民小學」。

3. 蕭而化（1906-1985），生於江西萍鄉，作曲家、教育家。從小喜歡作畫，也自學各種樂器。1946 年遊臺時，協助創設省立師範學院（今國立臺灣師範大學）音樂系，培養本土音樂人才，造就不少知名作曲家，如馬水龍、盧炎等人。他也曾為多所學校創作校歌，著有《和聲學》、《現代音樂》等書，為戰後音樂教育界重要的音樂家之一，影響深遠。

   李抱忱（1907-1979），生於河北保定，作曲家、指揮家、教育家。大學主修化學，後轉修教育，先後取得美國音樂教育碩士、博士。代表作品有〈你儂我儂〉、合唱曲〈聞笛〉與〈人生如蜜〉等，曾獲教育部金質學術獎章等多項榮譽。

4. 馮宗道，浙江紹興人，浙江大學化工系畢業後在玉門油礦工作，1946-1966 年任職高廠，後轉往私人企業。曾任《拾穗》雜誌總編輯，著有回憶文集《楓竹山居憶往錄》。

5. 〔清〕陳文達編著，臺灣省文獻委員會編，《鳳山縣志》（臺北：臺灣銀行經濟研究室，1961），頁 5。

6. 私立國光初級中學於 1965 年增高中部，名「私立國光中學」。1971 年分設「私立國光國民中學」及「私立國光高級中學」。2005 年由國立中山大學接辦，名「國立中山大學附屬國光高級中學」。

國家圖書館出版品預行編目（CIP）資料

半屏山腳的歲月 : 記憶高雄煉油廠 / 陸寶原著 . -- 初版 .
-- 高雄市 : 行政法人高雄市立歷史博物館 , 2022.12
面 ;　公分 . -- (高雄文史采風 ; 第 22 種)
ISBN 978-626-7171-21-9(平裝)

1.CST: 中國石油公司高雄煉油廠 2.CST: 石油工業

457.06　　111018715

高雄文史采風 第 22 種

半屏山腳的歲月——記憶高雄煉油廠

作　　者｜陸寶原

發 行 人｜李旭騏
策劃督導｜王舒瑩
策劃執行｜莊建華

高雄文史采風編輯委員會
召 集 人｜吳密察
委　　員｜王御風、李文環、陳計堯、劉靜貞、謝貴文（依姓氏筆劃）

指導單位｜文化部
補助發行｜高雄市政府文化局
出版單位｜行政法人高雄市立歷史博物館
地　　址｜803003 高雄市鹽埕區中正四路 272 號
電　　話｜07-531-2560
傳　　真｜07-531-5861
網　　址｜http://www.khm.org.tw

共同出版｜巨流圖書股份有限公司
地　　址｜802019 高雄市苓雅區五福一路 57 號 2 樓之 2
電　　話｜07-2265267
傳　　真｜07-2233073
網　　址｜http://www.liwen.com.tw
郵政劃撥｜41423894 麗文文化事業股份有限公司
法律顧問｜林廷隆律師
責任編輯｜鍾宛君
美術編輯｜黃士豪
封面設計｜黃士豪
照片拍攝｜陸寶原
插畫繪製｜吳奕居
出版日期｜2022 年 12 月初版一刷
定　　價｜新台幣 450 元整
ISBN｜978-626-7171-21-9
GPN｜1011101829

本書為文化部「111 年書寫城市歷史核心——地方文化館提升計畫 」經費補助出版 Printed in Taiwan